藍學堂

學習・奇趣・輕鬆讀

易姆‧吉斯賴特／著
om Cheesewright

李宛蓉／譯

未來學教你洞察趨勢，
給企業及個人的引導指南

High Frequency Change:

歡迎光臨快時代！

why we feel like change happens faster now,
and what to do about it.

感謝過去幾年來給我機會接觸眾多產業的客戶們，

如果少了你們，

未來主義至今可能僅停留在我的業餘嗜好而已。

感謝父母給我靈感、為我打氣；

感謝伊莎貝拉和蘇菲給我愛與歡笑；

感謝莫妮卡，因為她自始對我抱持信念。

想想未來，
其實是很美好的事

推薦序

紀舜傑
淡江大學未來學研究所所長

　　「未來學,是生死學嗎?還是生命學?是算命的嗎?可以預測股價嗎?這次大選誰會當選?」這些都是我碰到初次相見的朋友時,經常面對的問題。我總是回答,未來學是研究多元不同未來的學科,就像歷史學是研究過去;政治學是研究當前;未來學是研究未來的。這樣的答案當然無法完全馬上令人理解滿意,然而就像未來一樣,很難立即明確地探索,總是需要下功夫才能有所得的。

　　本書作者湯姆‧吉斯賴特自稱是(或是被稱)是第一位應用未來學家,其實就是推廣與普及化未來學的高手,他以實務為導向是較為討好的途徑,不像我們在學院裡必須嚴謹地發展未來學的知識論與方法論,才能確立一個學科領域的永續地位。

　　本書是很成功的作品,不論是行銷未來學或是作者本身的職能,是我們未來學界需要的明星亮點。特別是對社會變遷的觀察,作者有大歷史的宏觀角度,提出「高頻變化」的概念,例如工業革命和機械化是大海嘯的改變,而當前我們所面對的

是高頻變化，變化不斷湧來，幅度不大，頻率很高。這類幅小頻高的變化，不會改變全世界，但卻會改變個人、公司、組織和產業。

　　企業組織著眼於內部營運優化，提升效能，這是把事情做對、做好（do things right）。但更重要的是對外界改變的敏感度與回應，這才是做對的事情（do the right things）。這一切都繫於組織或個人是否有前瞻思考未來的習慣與敏感度。

　　很多人認為思考未來很不實際，因為未來時間久遠，未來充滿變數與不確定性。或是認為把握當下，走穩眼前這一步才重要，就像台灣俗諺說的，「時到時擔當，無米煮蕃薯湯！」儘管大家可能認為未來難以探知，但是應該沒有人會否認未來非常重要，大家日常生活中總是將未來掛在嘴邊。

　　如果我們以社會分工來看，有研究過去的人，習慣從歷史中去尋求答案。但是，過去的經驗或許可以提供參考，然而面對現今瞬息萬變的社會變遷，歷史不見得有答案。因此，我們需要有人習慣、專注於研究未來，「凡事豫則立，不豫則廢」，翻譯成白話就是，「未來是屬於有所準備的人」。

　　思考、研究未來不是預測未來，而是對各種不同的可能未

來，進行可能性分析與情境規劃。沒有人知道特定未來必然到來，但是當我們對各種未來都有所準備時，我們便能從容地面對未來，不會發生如未來學家托夫勒（Alvin Toffler）所稱的未來驚嚇（future shock）。人類許多災難都是在驚慌失措下，做出錯誤決定所導致。

當然，大家都喜歡預言，就像窺視祕密一樣的好奇心。然而不同的預言有不同的訴求對象，可能是為了賺錢謀利，有可能是引人注目，有可能是幫特定人士造勢，有可能是一派胡言，也有可能是唯恐天下不亂。

未來學不是追求預言的準確性，而是希望培養面對未來的前瞻能力。這種未來力看似抽象，但其實非常生活化，只是大家不習慣運用於較長遠或重大的事件上。

我們不能完全排除預言的積極貢獻，預言可以提醒世人未來的可能發展，如果當事人能夠因此有所準備，在預言的提點下扭轉局勢，那預言就有鞭促人們趨吉避凶的效果。這種預言稱為「自我矯正型預言」，所以預言之好壞不在其結果是否正確，而在面對預言時人們的態度為何。預言應該是協助決策者做正確的決定。

事實上，前瞻力才是國家發展的關鍵利基，美國的強大不在於預言的準確性，而是在其預先規劃美國主宰世界的途徑與手段，在商業、經濟、文化、政治、軍事、科技各方面，全方位地以領頭羊的姿態帶領全世界，走向美國預期的未來。

回到個人面對未來的修煉上，我們的教育部曾提出「人才培育白皮書」，期許未來十年我國的人才能具備「全球移動力」、「就業力」、「創新力」、「跨域力」、「資訊力」、「公民力」等未來人才關鍵能力，俾強化國家國際競爭力。

本書也提出未來人才的3C關鍵技能，即「策展力」（curate）、「創造力」（create）、與「溝通力」（communicate）。特別是面對機器深度學習（machine deep learning）的未來發展，大家都擔憂人的工作可能被機器取代，作者認為任何一項工作的規則若是可以程式化，而且在一段合理期間內不會改變，那它被機器取代的機會就會越來越高。

然而機器還欠缺人類的彈性、原創力、和同理心，所以我補充未來人才所需的具體能力，首先是多元文化溝通能力，所指的不只是外語能力，而是能夠跨文化的溝通能力，對時事的掌握與不同文化的基本認識，要會說自己的故事，也要懂別人

的故事，這是開展台灣全球化的軟實力。

其次是資訊處理與機器深度學習運用能力，網路運用不是只有上網玩遊戲、分享遊記美食、或是填補現實生活社交的空虛。未來的人才必須能夠處理各種不同來源的資訊，明辨是正確有用的訊息，還是垃圾、雜訊。加上機器深度學習的運用力是下一波的成敗關鍵。我常說的，你的工作或許不會被機器人取代，但是很有可能被懂得用機器人的人所取代。

再來是休閒管理能力，面對高度競爭和焦慮的社會環境，休閒是確保身心健康的必要手段。休閒文化代表一個國家的整體文化水準，休閒不是只有形式上的硬體設施，而是要在心境上能夠與自然景觀融合。心境無法調整轉換，再好的設備、再美的風景也是枉然。所以未來的人才除了像蜜蜂嗡嗡翁地辛勤工作之外，也要懂得欣賞各種花卉的美麗。

最後，藉由本書讓大家認識未來學的用處，更重要的是促成大家思考未來的習慣。未來並不虛幻，其實引領風騷的人都是想未來、做未來、玩未來的高手，利用未來致富，名利雙收。所以，時時想想未來，其實是很美好的。

導　言

像馬一樣大的鴨子

「你比較想對抗一隻像馬那樣大的鴨子，

還是一百匹像鴨子那樣小的馬群？」

如果你要向現任總統提問，「馬和鴨子的問題」肯定非常突兀。2012年Reddit社交平台[1]播出的一集「可以問我任何問題」節目裡，有人向歐巴馬總統提出這個問題，但美國總統也沒有答案。

這個題目最早出現在2003年英國《都市日報》（*Metro*）的一封投書，此後各種版本陸續出爐，三番兩次在網路上爆紅。這個提問聽起來或許像一夥嗑了迷幻藥的毒蟲深夜嚼舌的話題（其實可能性還不低），不過我覺得它恰巧也捕捉到世人目前正面臨的挑戰。

問題中的兩個選項都不怎麼吸引人，我只能找到一個合理的答案，那就是選擇對抗自己「準備好」應付的敵人。譬如說，若是曾經遇過呱呱叫的大猛獸，至少我會有心理準備，弄好一堆鬆餅和梅子醬當誘餌。如果我從來沒見過高度及膝、嘶嘶鳴叫的小馬，突然間竟來了這麼一群，在我四周奔跑、咬我的腳踝，那我一定會嚇壞。萬一我準備好對付其中一種「猛獸」，結果來的卻是另一種，我肯定一敗塗地。

1　Reddit，是一個娛樂、社交及新聞網站、電子布告欄系統，用戶可將文字或連結在網站上發布。目前是美國第五大網站，流量僅次於 Google、YouTube、Facebook 和 Amazon，月活用戶數達 3.3 億，有「美國版 PTT」之稱。

　　我認為不論是個人或組織，我們過去所受的訓練、所做的準備，都是為了對抗有如馬匹大的鴨子，也就是「規模大，但發生較慢的變革」，可是今天我們所面臨的卻是一百匹像鴨子一般小的馬群。一波又一波的變革，儘管規模較小，可是破壞力卻很強大，而且移動非常迅速。更重要的是，我們即將失守。

快轉人生

　　你會不會希望有一顆暫停鍵，可以讓世界停下來，就像畫面轉動太快時那樣？你會不會偶爾感覺自己頭暈腦脹，腦筋還沒搞定一件事情，下一個大麻煩又來了？

　　如果答案是肯定的，那你並不寂寞。我多次在演講開場詢問聽眾，「是否感覺如今變革來得更快？」我並沒有特指什麼類型的變革、發生的地點，在家裡或在職場發生的都算。如今家庭與職場之間的界線變得很模糊，我也不確定區分這兩者究竟重不重要，反正聽眾從沒要求我多說明，結果大家都有相同的感覺。現場有八、九成聽眾很快就舉起手來，大家普遍有感變革加速，而且幅度更超過我們年齡上應有的理解與想像。

本來年紀越大，光陰飛逝的感受就越強烈，不過現在二十歲到七十歲的人都有同樣的感受，這部分我會在後文解釋。不論你個人是否有同樣的感受，近年來的確有一些我們既定的、基本的、印象中的東西正在發生改變，大家也越來越難跟上改變的速度。

「改變的速度真的有加快嗎？」這是本書要探討的主題之一，繼續往下閱讀就能找到我的結論。不過還有別的事情正在發生，它們衍生的問題可能我們想破頭都想不到，這將對我們個人的工作和事業生涯帶來挑戰。我們有足夠的時間（速度）適應嗎？還是將被拋在後頭？我們的技能和知識會不會變得過時，以至於配合不了早已向前邁進的就業市場？對組織來說，這就是生存的威脅。假如競爭對手快速適應變革，而你無法跟進，那麼就算是規模最大、實力最強的品牌，也可能跌落神壇。近年有很多例子足以證明。

本書會解釋這種大家都能感受到的加速度，還有已經摧毀許多大型組織的現實問題。改變當真來得越來越快嗎？對此有些反對的論述也相當出眾，本書會一併探討。我希望本書的第一部分，能夠改變讀者對於變革本質的想法，也能改變大家理

解變革的方式。

　　解決這部分後，本書就會轉入務實的層面：你該如何因應「高頻變革」的世界？但我無法保證這本書能讓你不再頭暈腦脹，我畢竟不是心理學家、心理治療師，也不是冥想大師。這本書不會開出像是做瑜珈或野外散步這種藥方，宣稱這樣有助於重新找回比較緩慢的生活步調。相反的，這本書會提供讀者務實的建議，教你闖出順應變革的事業生涯，也教你開創足以適應新環境的企業及組織。

時間和年紀

　　有一段時間我曾這樣想：那些會對我這位應用未來學家表達變革加速感的人，其實都有某一個特點。具體來說，我認為是他們的「年紀使然」。

　　當我擔任應用未來學家時，大部分時間都花在回答大型組織的高階主管們這三個問題：

- 我們的未來是什麼樣子？
- 我們如何把「一個構想」傳達給同事、顧客、合夥對象

和股東？

* 我們下一步要做什麼？

與我合作、洽談的領導人與高階主管，年紀大多是四十幾歲，我自己也剛邁入四十大關。讓人開心的是，用現代標準來看，這個年紀還算得上年輕。不過有一點不容置疑，那就是隨著年齡增長，人會覺得時間越過越快；每一秒鐘占生命總長度的比重，顯得比從前更輕了。為了安然度過複雜的生活，我們總會自然地重複做更多事，相對沉思的機會也就少了，記憶銘刻的里程碑也少了。也有很多人企圖迎合子女生活中的改變，哪怕同時也要應付自己生活中的改變。坊間有許多存在已久的觀念或可解釋部分年齡增長帶來的時間加速感。

可是我相信這些並不足以解釋人們自述的加速感。我和年紀較輕的同事談過，也和與年輕人共事的人談過，我從這些對話發現，年近二十歲的人質疑他們所受的大學教育，都清楚不論自己在特定課程中學了什麼，到出校門進入職場那一刻，早就都已經過時了——不管在大學攻讀的是數位行銷、管理學或電腦科學，結果都一樣。此外，我也和學術界人士討論過，他們也承認自己的專業領域變動之快，讓他們幾乎無從教起。

有一位竟然說他們的學科無法以傳統方式教授,也不應該那樣教,至少在三年制的大學學程裡辦不到。

眼前大眾體會到的時間加速感,已經超越年紀大才會抱怨的正常情況,它還影響比較年輕(四十幾歲)和更年輕的世代,更別提怎麼算都已經不年輕的長輩們了。

生存的威脅

加速感是一回事,是它造成的影響促使我認定嘗試理解加速感有其價值,尤其是聽聞太多企業失敗的案例。其中有很多公司本來財務健全、顧客死忠,卻經不起趨勢作弄,兩頭落空。這到底怎麼發生的?一家生存了幾十年,甚至是成績傲人的公司,怎麼會忽然馬失前蹄?

後來我弄清楚了,大多數公司的組織結構,是為了適應特定型態的變革,這種型態的改變給予他們寬裕的時間,容許他們用基本相同的模式順利運轉。時間很長,讓他們有餘裕專注進行優化,而不是適應。結果是這些公司的本業越變越好(我指的一般是效率變高),然而在此同時,這些公司也變得比較

沒有能力窺見變革的需求，當本業變得不合時宜，他們已然察覺不到。多年投資只為了把一件事做好，造成這些公司極難在關鍵時刻選擇去做截然不同的事。

　　簡單來說，大多的企業文化都著重耗費數十年時間追求優化，這卻犧牲了靈敏度。我認為在高頻變革的時代中，要預測一家企業能否長久保持成功，靈敏度比優化程度更為重要。如今最優良的企業是持續不斷進行實驗的地方，他們既能夠快速擴張，也可以迅速緊縮；他們知道如何辨識失敗，同時用最低的成本與痛苦接受失敗，並從中記取教訓；他們接受不確定性，為了學習，也甘願將自己暴露在不確定中。我們倚賴多年的企業經營工具早已變得不合時宜，我們需要適合未來的新行事方法。

靈活組織的工具套件

　　新的行事方法是什麼？假如讀者接受接下來幾章我所主張的高頻變革，將能體認到一向在企業建構時賴以為基礎的時間尺度已經變得不正確了。基本來說，企業規劃建立在兩種不同

的時間架構上：短期和長期。短期從一季到一年不等，視法規限制和上市上櫃條件而定，主要涉及財務層面，與該時間區塊內的股東報酬或利害關係人價值相連結。

至於長期規劃大多是五年以上，預期市場上將會出現偶發的結構性變革，可運用某種方式及早因應。而內容扎實的中期策略規劃，絕大多數是建立在企業展望如常的基礎上。以我的經驗來說，大部分中期範疇的策略改變都源自於外在事件，幾乎沒有例外。中期的改變皆為外力導致與被動反應，很少考慮到企業或所屬產業界線之外的狀況。

比較靈活的企業組織察覺到，自己需要從更基礎的層面上改革，而且改革得更頻繁。它會建立制度，梭巡不久的將來可能出現什麼機會、碰到什麼阻礙。這樣的組織會加快策略性決策的速度，並且調整自己的結構，以便針對修改過的策略採取行動。

這就是「運動型組織」的三大原則：知覺更敏銳、決策更迅速、組織更靈活，本書的第二部分會闡述更多細節。

為未來做好準備

「運動型組織」的觀念提供企業、慈善機構、公共部門應對處方，但是在這些組織中工作的人怎麼辦？機器的興起無疑威脅到人們就業，機械化程度加深之後，受雇人數減少，然而完成的工作卻增多。雖然這並不代表未來再也沒有工作可做，也不意味不會出現新型態的工作，只是隨著創造利潤的機器越變越多，目前有大量的工作將會被這些機器自然取代，造成職場需求產生變化。

這麼說來，大家要如何建立或開發個人事業生涯，設法隔絕這項威脅呢？今天的你要怎麼教育子女和年輕員工，好讓他們在未來擁有最佳優勢？

答案來自於了解明日世界高頻變革的本質，以及認識有哪些技能是機器較難複製，或是複製起來比較昂貴，甚至是不可能（至少目前不可能）複製的。人類獨有的能力將引領我們在明日的職場中，成功開創事業生涯。

我先粗淺提出未來的職場人力應該具備的關鍵技能：策展力（curate）、創造力（create）、溝通力（communicate），簡稱3C能力。讀者可以在本書的第三部分讀到這些技能的細

節，了解它們何以如此重要，並學習發展這些能力。

接下來會如何？

　　如果有人相信自己能夠用短短一本書的篇幅，完整描述明日世界，他一定是自大狂妄。了解並因應高頻變革，是個人與公司維持長期成功的關鍵步驟，可是需要了解的不僅僅是高頻變革本身而已。

　　高頻變革的驅動力也有其他效果。科技促成低摩擦環境，而這個環境也支援比以往更多元的環境，裡面有無窮無盡的選擇與競爭。人力擴增具有自己獨特的效果，而人們日復一日運作的速度越來越快，還有加速感造成的預期心理提高，這些全都需要解釋。低摩擦也使得公家和民間組織迅速重整旗鼓，幫助界定未來城市、公司、人際關係的新結構。

　　這些想法我將在自己的部落格裡持續探索，希望有朝一日各自集結成書。不過現在我們要先把焦點鎖定在這本書，當務之急就是解釋：我們的時代究竟是如何從像馬一般大的鴨子，變成了如鴨子般小的馬群。

PART
1

變革如何
造成改變

第 **1** 章
歷史的巨弧

如今的世界是不是轉得比較快、同時變革真的比以前更急促嗎？這項辯論的正反兩方分別是加速派和歷史派。雖然兩者不像英國的摩德族對上搖滾客那樣涇渭分明，但確實是很有意思的文化衝突。

據說加速派運動始於美國西岸和矽谷地區，不過這一點尚未有定論。名氣最響亮的加速派先知是Google的首席未來學家庫茲維爾（Ray Kurzweil），這一派相信世界正朝著某種逐漸擴大的變革前進，也就是「奇異點」（Singularity）。他們主張，科技進步促使人類力量增強、世界距離縮短，致使過去數千年來變革的速度不斷提升。

加速派引摩爾定律（Moore's law）為例證，這是由英特爾公司共同創辦人之一的高登・摩爾（Gordon Moore）所提出的理論，他斷言積體電路上可容納的電晶體數目大約每隔兩年便會增加一倍，從1960年代以來皆是如此。對普通人來說，這一大串話的意思是大家可以指望投資在數位機器上的錢，將會得到增幅驚人的回報。這樣優異的表現還會產生連鎖效應：金融交易、醫學研究和一般觀念的傳播也將加速進行。追根究柢，加速派相信科技將會主宰未來：人工智慧將能夠改良自我設

計，影響（甚至控制）世界上每個一層面；機器能夠以光速重複動作與創新，使變革的速度一飛沖天。這一派相信今天人們所感受到的加速感，只是這場劇烈轉變的前奏。

而歷史派則是直指加速派都在鬼扯。他們挑戰所謂的加速感，指出人們向來都有這種感覺：世界永遠都在改變，我們永遠在苦苦追趕。歷史派舉出過去兩百年來不可思議的變革時期，質疑我們目前這一連串的電腦革命加總起來，還敵不過歷史上的那些重大事件，譬如工業革命。

對於這兩種觀點，我都持挑戰的立場，因為它們都倚賴一個在我看來顯然謬誤的中心思想，也就是認定變革可以用單一層面衡量。我們真的可以用簡單的「快」或「慢」來思考歷史的巨弧嗎？史冊並沒有安裝計速器，現實遠比這個複雜多了。

當然，在事物極度複雜的時候，人類往往依循經驗法則，幫助自己了解事物的規則。也許我們真的需要借助經驗法則來理解變革的步調，不僅只是「快」或「慢」而已。藉由思考一些現在和過去的變革案例，我們或許能找到一種更好運用的經驗法則。

旋轉週期

過去兩百年中，最具革命性的科技大概是洗衣機了。看看它的衝擊規模就好：全球性、社會性、經濟性、政治性、文化性，影響無所不包。洗衣機重新塑造房屋和住家，支持婦女解放，推動休閒產業與速食流行服飾的爆炸性發展（後者也許沒那麼正面）。

不信嗎？1953年英國人平均每星期花六十三個小時做家事，雖然我說的是英國人，但是明確來說，絕大部分家事負擔都落在英國女人肩上。根據另一份研究，到了1965年，這個數字掉到每週四十四小時。如今，英國人平均每星期花兩小時到十八小時做家事，數字要看你相信哪一份研究而定，也要看你家裡有沒有善於製造髒亂的小孩而定。

假如你每星期必須花六十三個小時，才能維持住家井井有條，那麼想要擁有一份事業根本是癡人說夢，也不必指望有什麼休閒時間了，除非你真心喜歡洗衣服、燙衣服、打掃內外。洗衣機和同類機械產品將洗衣服這件最費時費力的家事變成自動化，讓人們的生活有了最戲劇性的改變。

然而這項轉變需要時間，美國從1920年代開始大量接納自

動化家電，歐洲則從1950年代開始，可是這兩個地方都花了很長的時間，才達到為數可觀的家電普及率。這樣的改變儘管幅度驚人，速度卻相對緩慢。

失業的馬匹

19世紀末葉，英國全境大概還有一百萬匹馬在農莊上勞動，其實當時商用蒸汽機早已問世將近兩百年，而價錢較低廉的可移動式引擎也已有五十多年的歷史，可是馬匹依然是最受歡迎的原動力。特別培育的役用馬匹大多用來拉犁、轉磨，不過牠們也不僅在農場上工作，數以百萬計的馬匹將板岩和煤塊從礦場拖出來，也拉著車子穿梭於城鎮之間。那時的馬匹仍然是鄉村和都市景色中不可或缺的一部分，也是許多職業的基礎，因為所有的馬匹都需要人管理、餵食、照料，幾百萬馬匹大約為相同數目的人們掙到一份工作。

然後汽車來了。有很長一段時間，鐵道業者的遊說得逞，限制了汽車工業的發展。1865年的「紅旗法案」（Red Flag Act）將鄉下地區的汽車行車速限定為每小時六公里，城市地

區每小時三公里，而且要求任何後面拉好幾節車廂的車輛，都必須派人拿一面紅旗走在車子前面示警。即便過了三十年，也就是19世紀末葉，英國的車速限制也只提高到每小時二十二公里而已。

儘管如此，該來的還是避不掉。第一次世界大戰時，內燃機後來居上，農業機械從一匹馬轉變成多匹馬力，汽車（當時依然有許多蒸汽動力車）逐漸取代馬車。在戰場上，內燃機改變戰爭型態，它為第一代裝甲車提供動力，並且加快補給線的作業。

戰爭時的投資無可避免加快內燃機的發展速度，到了戰爭中期，汽油超越蒸氣，成為更受青睞的個人交通工具燃料。英國奧斯汀七型（Austin 7）等轎車賣出數十萬輛，而在大西洋對岸的美國，福特A型車（Ford Model A）更是暢銷數百萬輛。到了1930年代，大家耳熟能詳的現代化汽車出現了，譬如福斯汽車（Volkswagen）的金龜車（Beetle），以及雪鐵龍汽車（Citröen）的前驅車（Traction Avant）。到這個時候，我們才真正置身汽車時代。到了第二次世界大戰，連保守的騎兵隊也放棄馬匹，數百萬馬匹淪為失業大隊，下場十分悲慘。

　　想想看這場變革所代表的規模──受影響的不僅是馬匹。從感官的角度思考，從馬匹到汽車，改變了整個世界的外觀、聲音和味道，它也改變了速度和旅行的感受。從就業的觀點來思考，大量新的工作型態誕生，改變了舊時的工作習性，而大部分支援舊工作的產業也遭池魚之殃。製造馬車的業者要麼改行，替顧客量身打造汽車，要麼面臨崩潰的局面。農夫可以接受機械化，不然就是被鄰居提高的生產力打敗。再從生活方式思考，以前難以在一天內抵達的地方，如今花幾個小時就能輕鬆到達。親人可以彼此住得遠一點，但仍可保持聯繫。汽車改變人們生活和工作的方式，也重塑了城市與鄉村。

　　這場變革花了好幾十年，可是徹底改變了所有人的生活。

噴射機

　　戰爭也造就了20世紀的另一項重大變革：噴射機。為了因應軍事用途，噴射機的發展突飛猛進；戰後進入承平時期，噴射機才真正成為民用空中運輸的交通工具。不過噴射機還是花了好幾年時間，才成為可靠的交通工具，又過了好些年，才有

更多人搭得起的噴射客機問世，進而發揮聯絡往來最大的影響力。

　　噴射機的力量在於縮小世界，拉近遠地的距離，允許人、產品、觀念快速流通。噴射機的巡航定速一般比螺旋槳飛機快了至少25％，在高速和高空飛行時效率更高，促使更大型的飛機和更遠的航程得以成為大家負擔得起的交通型態。有了噴射引擎之後，人們也想出了運用的好點子，譬如具高成本效益的商務旅行，以及價格低廉的套裝度假行程。

　　當然，這不是第一批民用噴射機。以往搭飛機旅行是富人獨享的高端消費，他們是所謂的「噴射機幫」（the Jetset），常搭飛機去倫敦、巴黎或紐約趕趴，參加時髦的派對。當年橫越大西洋的機票動輒數千美元，而橫跨美國東西岸的旅程，票價更是現在的兩倍。在噴射機出現之前，世界上不存在遠距離的快遞包裹服務，因為空運實在貴得離譜。

　　上述這些服務要能擴大利用，價格必須先降下來，飛機也必須保證安全可靠，可惜最早的噴射機達不到要求。世上第一家民航業者是英國哈維蘭彗星公司（De Haviland Comet），他們早期採用的噴射機款式有嚴重的結構性問題，飛機在飛行中

竟會因為金屬疲勞解體，經過多年修改和重新設計，才有了接近現代安全標準的噴射機款式。

噴射機縮小了世界，讓我們能夠親眼看見更多地域，但是過程花了好幾十年，這又是另一項影響深遠但進行緩慢的變革。

第 **2** 章
超高週期

懸浮滑板（Hoverboard，原指飄浮在空中的滑板，概念最早出自1989年美國的科幻電影《回到未來》）的故事恰可闡明21世紀的文化、消費主義與商業改變何其之大，讓人大開眼界。懸浮滑板又稱平衡滑板（Swegway），2015年春天，大批名流競相在電視節目和IG貼文裡秀出這項產品，引起廣大的注目。這些名人收取所謂「意見領袖行銷」公司的報酬，很快接納這種產品，幫它打知名度。演藝圈名人如小賈斯汀（Justin Bieber）、克里斯小子（Chris Brown）、坎達兒‧珍娜（Kendall Jenner）都開始分享自己踩著平衡滑板，在更衣室、機場，甚至舞台上到處漂移的影片。這些名人無不擁有幾百萬名粉絲，這股風潮使得人人都想知道：「我要去哪才買得到懸浮滑板？」

這些滑板剛引入英國時，價格很昂貴，而且依然有爭辯不休的專利和授權問題。當時它的產量還小，所以很多人排候補名單等著出貨。假如你想效法小賈斯汀，荷包大概要損失1,500英鎊（當年約合台幣75,000元）。

滑板當然是中國製的，深圳尤為生產大本營，那裡的製造商對智慧財產權的態度相當輕率，非常多新工廠忙著趕工製

造仿冒的懸浮滑板，更常見的是拿以前生產的零件出來拼湊改裝。

結果呢？懸浮滑板價格大跌，網路商店紛紛冒出來滿足市場需求，進口商也不斷增加。

2015年夏天，懸浮滑板掀起狂熱。由於產量上升，價格一夕暴跌，從幾千英鎊跌到區區幾百，大街小巷、購物商場到處都是足踏懸浮滑板的人，不僅是有錢的大人，連小孩都趕上流行，看來人人都想要一個懸浮滑板。

這股狂熱在2015年9月達到顛峰，所有新聞頻道與報紙都在報導這股現象。大家都預期懸浮滑板將會成為耶誕節的搶手禮物，導致那個耶誕節的早晨，全美國很多人的床尾都出現加長版的禮物襪子。

然後，這個現象忽然就消失了，比它來的速度更快。

原來中間發生了兩件事。第一，英國交通部發出澄清，指示國民只能在某些地方使用懸浮滑板。結果呢？除非你是大地主，否則哪裡都不准用。因為懸浮滑板的動力是引擎而非腳踏板，英國法律將它歸類為「機動車輛」，也援用相關法規監管。既然懸浮滑板顯然不符合汽車必須達到的任何安全標準，

所以根本無法通過認證，也就不允許在公園、人行道或馬路上使用。如此一來，懸浮滑板做為兒童玩具或通勤工具的潛力，一夕之間化為烏有。

第二，懸浮滑板「開始爆炸」。隨著更多製造商搶進市場，業者開始在零件上偷工減料，以求降低售價。由於鋰電池容易熱失控，一旦零件偷工減料，電池和充電控制器就特別危險，起火燒毀房子的案例時有所聞。

懸浮滑板就這樣壽終正寢，從它初入世人目光算起，只活了短短六個月，如果自它登上顛峰算起，也僅僅存活了三個月。因為使用層面受到法規過度束縛，加上生產層面缺乏充分規範，最後不幸慘遭雙殺。

讀者也許料想得到，這場大起大落對那些建立在懸浮滑板風潮上的公司，造成了多麼巨大的衝擊。中國的小企業緊急改裝工廠來生產懸浮滑板，後來卻找不到銷路。事實上，市場需求急速下降，使得這些小型（往往也是家族經營的）工廠沒有機會轉向製造新產品。進口商買進大量懸浮滑板，滿滿的貨櫃還在運輸途中，他們卻發現可能賣不動了，即使賣得出去，價格也勢必大幅折讓。有人甚至開設懸浮滑板服務公司，打算靠

維修產品牟利，沒想到價格崩盤，使用者不願花大錢修理，用壞了乾脆直接丟棄。

這項衝擊固然只限於整體工業界的一小部分，但是對這個行業內部的打擊卻極為慘烈。

病毒式傳播

為期六個月高速的暴起暴落，在如今越縮越小的世界裡，這樣的慘況處處可見、層出不窮，現在的產品比從前更快觸及更多大眾，但遭到淘汰的速度也同樣猛烈。

以通訊科技史為例，座機電話（landline telephone）花了三十五年，才在美國達到25％的普及率，反觀手機只花了十三年，而智慧型手機達成相同普及率的時間又縮短了一半。未來不管哪一種產品取代智慧型手機（我推測到了2020年代中期，某種混合實境的穿戴裝置將大行其道），普及速度可能會比智慧型手機再快上兩倍。

過去一百年來，科技普及的速度委實驚人，不過實體產品的設計、分銷、退燒固然速度加快，但是和數位觀念與服務幾

乎瞬間散播相比，簡直是小巫見大巫。臉書只花了兩年時間就擁有5,000萬用戶，IG花了十九個月，精靈寶可夢呢？區區十九天就衝到相同的里程碑。

這些公司幾乎沒有一定規模的辦公室基礎建設可言，員工人數極少，卻開發出破壞力極強的產品與服務，在市場上迅速竄紅。它們的破壞力究竟有多強？對很多品牌和媒體平台而言，臉書是他們現在對消費者的主要傳播管道，富比士全球五百大企業莫不倚重它。

那精靈寶可夢呢？它的破壞力大嗎？想一想，全世界有6,500萬人一起在玩這款遊戲，創造將近10億美元的營收，而且這只是它問市後第一年的成績。這10億美元不會跑到別的地方，譬如購買其他遊戲、傳統媒體，或是街角雜貨店的糖果。2019年網飛公司（Netflix）在寫給投資人的信中指出，如今大家競爭的目標是人們的時間，而不是同品類業者之間的消長。假如能抓住眾人的目光，說服人們到你這裡來花錢，而不要去別的地方花錢，那麼你的影響力就可能無遠弗屆。

興衰起落

企業的興衰取決於自家產品的成功或失敗，也許正因為如此，我們才看到越來越多成功企業中箭落馬。

以標準普爾500指數（S&P 500）為例，該指數收納的500支成分股是美國規模最大的公開上市公司，1960年代，這些公司多半已經在指數成分清單中穩穩占據一席之地達六十年之久。換句話說，假如你把標準普爾500指數在某年某月某一天的所有成分公司找出來，把他們已經停留在清單上的時間加總起來求平均數，得到的結果就是六十年。

如果拿同樣的算式計算今天的標準普爾500指數成分公司，平均值是十五年至二十年。企業停留在指數中的時間，六十年來只剩下原來的1／3或1／4。為什麼會這樣？部分原因是企業購併活動增加了，有些公司遭到併吞，原來的企業名稱銷聲匿跡。另一部分原因是自然的興衰週期，當大企業跟不上變革的腳步時，退出市場實屬常態。可是由最大型企業構成的指數成分股，竟然只剩下這麼一點存活率，在我看來，部分原因是出在變革的本質改變了。我們眼前正在發生一件事，那就是生活中隨處可見的企業或品牌名稱，面臨改變的頻率更高了。

這樣的改變會在規模較小的公司發生嗎？隨便挑個數字，答案都是肯定的。2008年爆發金融危機，緊跟著倒閉的美國新創事業家數，超過了新成立的公司家數，可是這個現象並不是企業倒閉率暴增造成的，至少以歷史標準來看並非特別離譜──過去四十年，企業倒閉率通常在8％到10％中間盤桓。

倒閉業者數量超過新開張的公司，背後關鍵是新創公司的數目暴跌。可是在這個觀念與產品迅速傳播的時代，新創事業想必只會多、不會少，難道不是嗎？

評論人士以美國人口老化來解釋創新事業何以減少，如果從更全球的觀點來看，這項說法確實言之有理。用地理位置來分析全球創業指數，將總創業活動（Total Entrepreneurial Activity，TEA）拿來對照人口平均年齡最輕的一些國家，就會發現這些國家的創業率是美國的兩、三倍。在縮小的世界裡，我們必須用全球觀點來思考變革與其驅動力，如今市場破壞者不見得來自大家料想的方向。

不確定感有何症狀

　　產品與服務的暴起暴落造成企業週轉率提高，這種現象在企業經營中比較務實的層面也看得見。

　　假如你懷疑企業經營環境變遷更加快速、更不確定的說法不是真的，只要隨便找個製造商問一問就明白了。有一項很有力的軼事性證據能夠證明工商世界確實在加速運轉，那就是「訂單的數量」。在快速變動的不確定性中，企業不想要冒險下金額高的大訂單，寧願向供應商下小量訂單，增加送貨頻率。

　　幾年前我在一場活動中演講，現場有兩家領域完全不同的製造商表示，他們的顧客都在要求加快週轉時間、減少訂購數量。龐大的庫存向來是企業頭痛的問題，雖然庫存讓你有安全感，可能也令下游的客戶感到安心，但是庫存會綁死資金，何況自己還需要擁有更大的倉庫來運轉。

　　即時化生產技術（JIT）之類的企業經營實務，宗旨便是消弭大量多餘庫存、釋出資金，以及降低營運成本。然而許多公司儘管持有現金，也對市場感到確定，可是他們的倉庫裡還是繼續堆放大量產品。如果不這樣做，他們就需要採用挑戰性高很多的替代方案：將資本投資在員工的技能和制度上，以便

管理較精簡的流程。問題是這種作法有風險，看看有多少大型資訊科技專案胎死腹中就曉得了。萬一走到那一步，公司恐怕會大難臨頭，因為顧客服務勢必出現嚴重問題。因此企業往往擱置投資，情願面對庫存較高的確定感。

　　然而最近情況改變了。儘管對借得起錢的公司來說，目前的借貸成本相對便宜，可是確定感已經消失無蹤了。如今企業都竭盡所能減輕行差踏錯的後果，寧可增加訂貨頻率、減少訂單數量；這是我與一家大型物流業客戶合作時目睹的現象。

　　這家客戶的業務是供應消費性產品給大型超級市場，產品包括熟食部位的切肉機、員工穿的工作圍裙、清潔用品、購物袋等等。這些東西的形狀和尺寸往往不規整，和超級市場自己管理的流動迅速且不停歇的產品鏈相比，這家物流公司交貨不定期，數量也很小。儘管如此，該公司也開始必須因應顧客需求的變化，原本他們定期接數量大的訂單，使用大卡車送貨，如今所有品類的訂單合併，交貨頻率提高，訂單數量變小，改用小貨車送貨即可。公司甚至考慮跟上趨勢，僱用優步（Uber）或其他計程車網代為送貨，進一步提高彈性與速度。

規避不確定感

企業設法保護自己不受高頻率變革所害，他們的努力表現在更小量、更頻繁的訂單，而技術改進也許是促使他們能夠這麼做的原因。此外，企業的努力也表現在聘僱方式的改變上，也就是增加僱用自由業者，以及啟用零時合約（Zero-hour contracts）。這些都是對抗不確定感的終極避險工具：當市場需求減少時，既沒有成本的風險，還隨時有資源可利用。

21世紀初，英國大約有二十萬勞工簽立短期契約，雇主不保證最低工時。到了2017年，這個數字已經增加到大約九十萬人。同一時期，英國自僱勞工比率從12％上升到15％。這樣的現象在其他地區也大同小異，以美國為例，據估計自由業者占全體勞工的比率高達34％，不過他們對自由職業的定義可能比較寬鬆，任何短期性質、以合約或專案性質為工作基礎的都算是自由業者。同一項報告估計，幾年之內美國將有半數以上勞力可能屬於自僱性質。自由業者也是全歐洲成長最快的就業類別，他們和彈性勞工讓企業的應對能力更強，規避人力風險之外，同時也提供源源不絕的資源。

改革與複雜性

懸浮滑板和精靈寶可夢的例子說明，如今新的觀念、產品、服務傳播的速度更加快了。企業的行為跟著改變，譬如改接數量較小的訂單，聘僱人力也較有彈性，這些說明了領導人已經體認到（甚至是潛意識感知）這一切潛藏的變革。可是該如何去理解這種變革？它只和速度加快有關嗎？抑或牽扯到更複雜的事物？

第 3 章

振幅與頻率

「改變」是什麼？

用狹義的科學語彙可以輕鬆敘述什麼是改變。想像你回到學校實驗室，手持試管，本生燈就在面前。你在試管裡放了一些化學物質，開始加熱。試管中的紅色液體轉成藍色，改變就是從紅變藍的轉化，寫在報告上即可。你可以描述自己混合了哪些化學物質，又用了什麼辦法催化這項改變。你曉得從混合化學物質開始以及從加熱開始，各自花了多少時間才出現改變，如此就能描述變化率。

你這篇報告可以得A+。然而出了學校科學實驗室之後，事情變得更複雜了。

我們在前兩章思考過，大多數改變都包含許多糾纏不清、相互重疊的事件，這些事件往往是平行發生，誰在什麼時間做了什麼事，皆有複雜與模糊之處。儘管我嘗試從史書和近期事件的新聞報導中尋找確鑿的資料，可是要釐清事件開始與結束的時間點並不容易。在真實世界中，想要比較不同事件的相對速度，是極為困難的。話又說回來，有鑑於我們現在努力想描述的變革無比複雜，就算能比較出高低，恐怕也於事無補。

上一章已經說過，大家正在經歷的變革，本質上和以往截

然不同，才讓這麼多人感到暈頭轉向。我們需要可以幫助描述這種現象的語言，最好還有能夠幫助了解並因應該現象的經驗法則。

我不相信能夠用單一特性（亦即速度）來描述這種現象，那實在太過簡化了。即使你比較相信加速派而非歷史派，難道光是變革發生得比以前更快這個想法，就能夠幫助你因應變革嗎？

我深信利用兩個層面來思考變革會比較有用：振幅與頻率。這種方式依然需要靠推測，高度簡化現實，不過我認為若想要了解哪些東西改變了，又如何發展出因應之道，那麼採用這種方式來認識變革更具價值。

改革的浪潮

現在想像你在海邊度假，隨意挑個你喜歡的地方。

你連續兩天走路去海邊，第一天海灣外有暴風，巨浪拍擊沿岸，你只要涉足海裡，短短幾步就會碰到比你還高的浪頭。

現在想像波浪衝擊海岸的聲音，想像兩次海浪拍岸之間的

空隙，是不是很長？用科學術語來說，這些巨浪的振幅很高，但是頻率卻低，因為兩波海浪發生之間的間隔很長。

第二天你又回到海灘，這時海浪和昨天不一樣，它們的勢頭依然強勁，可是這次你若踩進水裡，會發現浪頭的高度只到膝蓋。再聽聽浪花拍岸的聲音，間格時間縮短很多。這些海浪的振幅變低，但頻率卻增加了。

祝你生在動盪的時代

19世紀末和20世紀橫掃千軍的全球變革，影響了文化、法律、工業，甚至整個經濟。交通工具與家用電器的進步，讓人們的生活改頭換面。人口死亡率大幅降低，打掃家庭和烹飪的時間縮短了，街道上的馬糞更是大量減少。

這些是我在第一章描述過的變革型態，它們花了數十年時間徹底落實，帶來了深遠、廣泛的影響。從很多方面來說，這類變革如同我們想像的巨浪，振幅極大，但是頻率很低。

反觀第二章所說的變革則如想像中的第二種波浪，儘管依然強勁，振幅已經小了很多，但頻率卻大幅提高。我們今天所

面對的正是這一類的波浪。

　　不斷推陳出新的觀念、產品、服務大舉襲來，透過因超連結而縮小的全球化世界，迅速傳遞給我們。可是面對這些高頻變革，我們欠缺因應的裝備，不論私人層面、專業層面或組織層面，都感到束手無策。這些波浪就是讓我們暈頭轉向的罪魁禍首。

　　不過這並不代表巨浪已經絕跡，我們就像置身汪洋大海，經歷不同來源與不同頻率的各種波浪，而且互有重疊。因此21世紀出現低頻率、高振幅、歷時數十載的變革，並非不可能的事，或許現在就在底下發生。電腦網路的發明加上衍生的諸多成果，日後很可能證明就是屬於這一類變革。它不但是全球通訊的工具，可以進行商業交易，能夠存取資訊，而且尺寸袖珍到能放入口袋，價格又很低廉，如今全世界大部分人口都已經擁有，連貧窮國家也不例外，影響力非常巨大。或許未來網路電腦（包含手機）會被視為重大改革，影響規模就如同馬車轉變為汽車，或是家事自動化電器一般。不過我們現在還處在這一波變革的當中，很難進行論斷。這項改變讓我們雀躍不已，對時代的成就感到光榮，只不過我們的時代將在歷史背景中如

何定位，我實在難以保持客觀。

關鍵點

在此闡述的核心概念雖然看似簡單，卻是本書的關鍵，所以我要多花一點時間再重申一次。假如一般個人或群體領導者想在當前的時代求生存並闊步向前，就必須停止用單一層面思考，不再拘泥於只能描述「快」或「慢」的單一變數。

當我們討論事物的快慢時，講的是某件事物在一段時間內改變了多少。想想車子的加速器，也就是油門踏板。當你腳踩油門時，一個變數改變了：在特定時間內車子能移動的距離。也許保險公司認為還有別的變數也改變了，例如你追撞前車的機率。不過追根究柢，當我們討論快慢時，都是把變化當作單一的變數，例如特定時間內車子行駛的距離。

然而變革遠比那些複雜多了。歷史並非只是一條長弧，讓我們可以描繪軌跡，測量旅行的速度。任何個人、家庭、城鎮、州縣、國家和大陸，都有自己的歷史；任何員工、公司、產業也一樣，他們全都在同一個時間點上，透過各種不同層面

經歷變革。大多數變革的強度並不足以在我們文明的大歷史中留下紀錄，它們只是個人的勝利與悲劇、進步與挫敗、成長期與緊縮期，以及裂解。

我不相信目前的時代是人類沿著歷史巨弧加速前進。未來將會把我們這個時代記載成一次重大變革，然而改變幅度只和先前所討論的大變革相等或接近，並沒有超越。

我們目前所經歷的並非大幅度變革，而是許許多多頻率較高、幅度較小的改變。它們可能不會改變世界，但絕對有可能改變我們的公司、職業、產業、公私部門。在如今網路超連結的全球化世界裡，具有破壞力的小變革在世界各地到處流動的速度比以往更快。

如果你想在腦中勾勒這種畫面，最好的方法就是把變革想像成一連串的海浪。

海浪有兩種特性：振幅與頻率。振幅是波浪從基線起伏的距離，換句話說，就是「一波海浪有多大」，而頻率則是海浪起伏的速度，也就是「特定時間內出現幾波海浪」。

過去幾個世紀的特色就是出現振幅宏大的變革，滔天巨浪衝擊整個社會，例如洗衣機和汽車的發明。不過這些波浪的生

成比較緩慢，亦即頻率較低。

　　反觀如今我們所處的時代，滔天巨浪並不多，反而是小波浪層出不窮。這些波浪的振幅不大，頻率卻很高；變革的小波浪持續不斷出現，有的相互重疊，有的平行共存。令我們感到暈頭轉向的，正是這些小波浪。在長期緩慢的變革下發展出來的企業經營實務，也正遭受這些小波浪一點一滴破壞。

　　在網路超連結的世界中，我們創造、重製、接納、拋棄新觀念和新產品，速度比歷史上其他時候都快了很多。把當代產品和過去產品（如洗衣機）的採用曲線拿來比一比，就能看出究竟，現今的超連結社會散播新觀念的速度快多了。另外從股票市場的成交量也能得到相同結論，創新者要比以前更快取代現存者。

　　變革的海浪以空前迅猛的速度襲來，我們不禁要提出個重要的疑問：為什麼會這樣？

第4章
阿基米德的槓桿

「阿法爾」（Afar，直譯為：遠方）聽起來很像神話祕境，或是虛構的童話園地。但真的有這麼一個地方，它位在衣索比亞東北方的低窪地區，還具有學術研究價值。

這地方有複雜的地殼板塊──橫跨大陸的巨大地殼板塊在此交會。非洲板塊在這裡與阿拉伯板塊相接，但目前正緩慢分離成為明顯的努比亞板塊和索馬利亞板塊。幾百萬年之後，這兩個板塊將越分越開，創造出新的海洋盆地。

古人類學家前去阿法爾的目的，不在窺看未來，而在研究過去，他們想知道數百萬年以前的人類演化歷史。阿法爾有個叫做哈達爾（Hadar）的村落，四周環繞層層疊疊的沉積岩，裡頭蘊藏豐富的化石，稱為「哈達爾層」。1974年，研究人員就是在這裡發現南方古猿露西（Lucy）。

科學家將「阿法爾的南方猿人」中一具化石遺骸命名為露西，這個族群是人類的早期祖先；在此地發現的露西和其他化石，提供猿類進化為人類的寶貴資料。這些化石證明人類多麼早就發展出一項「關鍵特質」，有了它才有後來人類的發展，才使得人類和地球上其他生物有所差別。這項特質從很多方面來說，都是人類最突出的特質，那就是運用對世界的理解，來

擴展自己本領的能力。

露西之後，阿法爾地區還發現很多南方古猿的樣本。2009年，研究人員開始檢視在這些化石附近找到的動物骸骨，骨頭上的擦痕和記號顯示曾被拿來使用過，也就是某人或某物種曾經使用石製工具切肉和敲碎骨頭。大約在三百五十萬年前，（比原先科學家認定的還早了八十萬年），我們的遠祖就已在使用石製工具。

製造工具的物種

製造工具是什麼？為什麼重要？

工具是解決問題的對策，這意謂如果想要製造工具，就必須先了解問題。人類所製造的大多數工具都是為了克服本身的弱點、強化本領，以及讓生活變得輕鬆一些。製造工具意謂你已經體認到個人的限制，並且看出身邊的其他材料也許能協助自己克服這些限制。石製工具的出現，說明製造者明白自己的雙手既不鋒利，也不堅硬，而石頭則擁有鋒利又堅硬的優點。如果想要切割東西，石頭肯定是比雙手更好用的工具。

這是怎麼被發現的？可能是有人不小心跌倒，被石頭割傷身體。儘管是偶然的發現，意義卻十分重大，我們的遠祖在心裡捕捉了對世界的一點理解，然後將這點理解「系統化」應用在別的地方，進而發揮了不起的作用。

從這個時候開始，運用工具擴展自身的本領，真正關係到人類的演化，特別是腦部容量的發展，那是露西之後大約兩百萬年的事。究竟大腦是怎麼演化來的？這個問題至今仍有些爭議，兩派解釋都有同一個先決條件，那就是我們的祖先必須已經能夠「善用工具」。

火種

大容量的腦部需要很多熱量才能維持，人類每天消耗的能量中，大腦便占了20％。如果大腦得不到足夠熱量，就無法擁有所需的認知能力，用以掌握語言、社交或一切現代化工具。

哈佛大學生物人類學系教授芮恩翰（Richard Wrangham）是研究黑猩猩的專家，他相信黑猩猩唯有「已知用火」才能給予身體足夠能量，使牠們演化成人。火能分解（烹煮）食物，

讓食物釋出熱量，黑猩猩的飲食主要是堅硬的植物根莖和富含纖維的水果，相較之下，烹煮過的食物釋出更豐富的熱量，營養足以支持腦部的成長。

這項理論的問題在於有若干證據顯示，人類的腦容量已有足夠的發展，過了很久後才學會控制用火，這一點令許多演化專家打心底懷疑芮恩翰的假說。

那麼另一派解釋又是什麼？另一項假說的主張是人類獵食動物時，偏愛獵物身上較豐腴多肉的部分，譬如骨髓和腦部，而唯有應用工具才能夠捕獲動物、敲碎獸骨。有了這些多肉的饗宴，牙齒偏小的人類才得以攝取更多熱量，以供發展更強大的認知能力。

我認為這兩種假說都對，不論大的腦容量究竟來自瘦肉或火焰支撐，在根本上「技術」才是人類演化故事的核心。

夠長的槓桿

整部人類歷史都是由科技來界定的，只要看看各個時代是怎樣命名的，就能窺得端倪：石器時代、鐵器時代、銅器時

代、蒸器時代、數位時代，目前大概算是量子時代吧。科技貫穿整部人類史，對歷史的形式扮演決定性的角色。

事實上，有人主張科技是人類塑造歷史的工具，這點仍有爭辯的餘地。

阿基米德曾說過：「給我夠長的槓桿和一個支點，我就能舉起地球。」人類歷史從最早使用石器工具的石器時代，發展到銅器時代，直至今日的數位時代，科技一直是我們舉起地球的槓桿，我們依靠它來促動改變。若想了解高頻變革，最好先了解科技如何推動變革。

科技到底如何推動變革？它畢竟不是人，沒有自已的目標和欲望，至少現在為止人工智慧還沒那麼聰明。答案要分兩個部分，第一部分是科技對我們的影響，第二部分是我們拿科技來做什麼。

科技減少摩擦

工具的本質就是擴展我們的力量，使少數人也能完成多數人的工作。工具減輕負擔，原本不可能一人完成的工作，在工

具的協助下可以輕鬆達成。工具越精巧，我們擴展的力量就越大。

以語言為例，聲音能夠達到附近少數幾個人的耳裡，一旦化為文字，就能傳達給遠方數以百計的人。那麼印刷媒體呢？可以廣及全國成千上萬民眾。社群媒體呢？轉瞬間全球幾百萬人都收到了。從古至今，人類使用語言的力量擴增了，同時減損閱聽率的摩擦也減少了。

這裡所說的「摩擦」，是指任何阻撓我們達成目標的外力。以上述例子的聲音來說，摩擦是指音波離開我們喉嚨之後消散無蹤，而想要克服那樣的摩擦，只好派人騎馬傳話，直接去遠處傳遞音訊。至於書寫文字的摩擦，是我們寫字的速度；印刷媒體的摩擦，是符合成本效益的刊物發送速度。這些通訊模式都面對不同程度的摩擦，可是人類為了能夠將想法即刻傳遞到全世界，最終真的克服了摩擦。過去大家可能從來沒有把即時通訊當作理直氣壯的目標，卻也一直努力消除過程中的摩擦，直到最近，這項不可思議的技術居然成功了。我們選擇如何運用這股不可思議的力量？是要在網路上分享貓咪發飆的照片？我想那是另一個話題了。

如今我們已經在非常多領域間降低摩擦，使自己能夠在沙發上安逸的窩著，打發可觀的時間。你還可以隨時隨地創業，只要有手機就能辦到。短短幾分鐘內，就能達成法律條件、開立銀行帳戶、找到供應商、設立網站、啟動行銷活動，然後開賣自己的第一個產品。

不信嗎？你去試試看。

普世力量

這類摩擦的降低，在不同時間影響不同產業部門，以及我們生活中的多個層面，事實上它們碰觸到了居家與工作的每一件事情上，包括：通訊、商業、決策、交通、物流、製造、設計、競爭等。

在低摩擦的環境中，人們能夠創造並實現更多點子，這些點子爭相吸引人們注意，而且新點子會加速取代舊點子。從1990年代中期開始，通訊技術大幅進步，變得無遠弗屆、新知內容更豐富、傳輸更趨數位化，自此我們朝速度變革邁出一大步。有了新的速度，創意點子就可以轉譯為新產品或新服務。

　　歷史一再證明，一項技術的運用會促使其他技術加速發展。數位時代讓人人都能獲取知識，有任何不清楚的事實，只要在螢幕上敲幾下就能找到答案；也可以喊兩聲，指揮房間另一頭的語音助理幫你找答案。不論你想學習什麼，網路上大概都找得到教學影片。碰到問題時，我們會上網搜尋別人既有的解答，這些都是開放來源授權使用的資料，是解決任何挑戰時都可以利用的基石。

　　數位時代透過點子和知識的傳播，支援整個區域的快速發展，不過它也帶來更大的競爭必要性（competitive imperative），促使我們拓展更寬廣的全球化產品、服務、或更有創意的市場。

攀比心

　　大致說來，人類是互助合作的物種，只要打開自家大門，你就清楚了。除非剛好非常倒楣，否則街上不會一團混亂，光是一條街的存在，就說明很多事情。人類聚集在一起，組織政府，同意一系列優先進行的要務，其中之一就是鋪橋造路，成

本由大家一同分攤。

　　大多時候我們的行為方式允許人人並肩生存，更要緊的是，我們通常會互相幫助。儘管如此，這並不代表我們不會競爭。在家裡，我們豔羨鄰居增建的房間，眼紅對方的車子，有時還嫉妒人家的丈夫或妻子。在工作上，競爭甚至更激烈，我們絕不能忍受被對手搶先一步。如果對手可以花更少時間精力，完成更多工作，或是嘗試全新的東西，要不了多久我們也會想辦法迎頭趕上，甚至超越對方。畢竟不成功就只能失敗，下場會很悽慘。

　　國與國之間的競爭更不用說了，這也導致太空競賽、武力競賽、冷戰，結局似乎朝著相互毀滅的方向走。

　　沒錯，誰都免不了競爭。人人緊盯著同儕，一旦別人往前邁出一步，我們就設定邁進兩步的目標，可是不見得做得到，有時候我們會輕忽競爭者跨出的步伐，等到省悟過來時已經太遲了，在公司裡尤其容易出現這種現象。不過長期而言，競爭趨使我們進步，就是這種競爭必要性加上較低的摩擦，促成了高頻變革。

光速

人類不是地球上唯一會使用工具的生物。海鷗將蚌殼從半空中落下，砸在石頭上，藉此打碎外殼。大象嚼碎樹皮，弄成一團塞住水洞，以免水塘乾涸。海豚用海綿攪動沙子，把沙子裡的獵物趕出來。人和動物的分別，在於多年來我們使用工具的複合效果已經十分深厚。每一個新的工具時代，都是下一個時代賴以為基礎的平台。

人類是與生俱來懂得合作的物種，演化使我們過起群體生活，樂於群體合作。然而這種發展的持續循環，背後有一部分動力來自於競爭，不論在國家、城市、公司或個人層次，我們永遠都在尋找取勝的優勢。

整部人類史都是如此，可是過去兩百年來，資訊、產品、服務流通的速度，產生了一連串重大變革。上一章已經討論過其中兩種，也就是汽車取代馬匹，還有便宜的國際空運和旅遊。最近發生的變革，要以網路通訊最引人注目。

網際網路是最理想的科技潤滑油，至少目前為止都是如此。網路降低通訊摩擦，世界每一個角落中，人與機器之間都能立即建立連結，如此一來，便將知識與觀念開放給更廣大的

社群，讓他們都能了解、適應、擴增知識與觀念，並將其商業化。網路開創新的全球貿易路線，引進不同時區、不同成本結構、不同法規與文化環境的公司和自由業者，加入市場競爭。

《連結力》（*Connectography*）一書作者科納（Parag Khanna）研究當今國家、城市、市場、社群之間相互連結的不同方式，他指出現在網路連結的長度已經超過所有國家之間的邊界。世界正在縮小，在這個通訊低摩擦的時代中，觀念和供應鏈以光速進行全球連結，促使協調合作和彼此競爭跟著加速進行。

振幅與頻率

有朝一日回頭看，可能會證明網際網路這項變革的強度，等同於馬車進化到汽車，或是自動化家電的發明。此刻我們肯定覺得網際網路一定是巨大的變革，甚至發現其重要性有過之而無不及。可是現在還說不準，因為我們沒辦法未卜先知。

現在我們有把握的是，網際網路對於目前的高頻變革時代，確實具有撐持的作用。網際網路本身，以及它無遠弗屆且

價格低廉的特質，加上一再進步的微型通訊與供應鏈技術，整體作用已經降低了通訊和營運的摩擦，容許更多觀念、產品、服務迅速演化，連帶也將它們加速傳遞給消費者。

　　競爭本能確保我們繼續推動這項循環，讓高頻變革永不止息，甚至加速進行。

第 **5** 章

煞車

「除非施加外力改變，否則任何物體都會繼續保持
原來靜止不動、或沿直線等速運動的狀態。」

　　這是牛頓的「第一運動定律」。其實組織和整個公私部門也一樣，欠缺變革的動機時，事物往往一成不變。

　　動機從何而來？在目前的經濟體制下，動機主要是金錢。假如做某件事有利可圖或能省錢，人們就會設法突破現狀。反之，如果獲利潛力不看好，或某項產品、服務的利益看衰，任何投資項目的報酬前景都黯淡無光，那麼人們就不太可能超越現有挑戰，尋求大破大立。有些產業部門與服務業確實不值得打破現狀，有些則是缺少機會，可能還欠缺合乎現實的技術、流程改善或其他創新。少了這些條件，就沒辦法給新加入市場的人顯著的競爭優勢。如果無法輕易改用更便宜、更快速、更優越的方式營運，那麼搶進目標市場又有什麼意義？

　　當然，要打破現狀，你必須知道「現狀是什麼」。有些產業比較可能被潛在市場的破壞者當成靶子，假如許多具有創業企圖心的人發現，某個產業確實存在明顯的問題，那麼他們很可能會釐清問題所在，同時深信換成自己能做得更好。

　　不動產業就是重要的榜樣。買過房子或租過房子的人大概都有過不好的經驗，和代書、貸款經辦人、仲介、代理商或房東發生不愉快。大家心裡難免會想：「這肯定有問題，如果讓

我自己來，一定能做得更好！」

我個人和不動產服務業打交道時，發現家裡六歲大的毛頭小孩還比業者表現得更好，有一陣子我（相信也有很多人）還認真思考，是不是要開一間新公司來搞定問題。如今拜科技和全球化之賜，進入市場的障礙降低了，越來越多人都想打破不動產業的現狀。成千上百家公司紛紛投入欣欣向榮的「不動產科技業」，目標是精簡流程、剷除中間人、互動自動化、釋出資訊等等。

隨便找個不動產業和建築業的人聊聊，他會告訴你這行業有多麼遲滯和保守，即使是最有名氣、最老牌的企業，也會碰到一些障礙，拖慢他們打破現狀的步調。這些障礙大致可以分成三類：監管、財務、信任。

監管

如果政府重度監管某個產業，那麼進入這個產業的競爭者自然比較少、過程比較複雜、成本也比較高昂。這正是市場上存在已久的大型企業為何熱愛政府監管的原因。

從外表看，大企業彷彿都反對官僚體系的繁文縟節，抱怨自己被各種限制束手縛腳。然而仔細研究，就會發現大企業經常在幕後發動遊說，爭取進一步擴張地盤。政府監管是大企業捍衛自己、穩固地位的絕妙辦法，有時候這種捍衛之舉只是競爭卡位的一點附加成本。我們不妨把這種舉動想成商業界的「攻占灘頭堡」──如果有人想來打你，他必須先攻下要地再說。

有時捍衛之舉太鑿痕跡，既有業者挾其優勢輾壓對手。舉個例子，英國長期以來都對國內大型電信公司提供可觀的商用費率折扣，其中又以前國營壟斷企業英國電信公司（BT）為最。所有電信業者支付地底光纖電纜使用費時，都是以商用費率計價，可是英國電信和另一家全國性電信業者維珍公司（Virgin）所繳的稅率卻和新進業者不同，既有業者支付的總費率較低，也使挑戰者居於劣勢。

為了安全、國安、金融廉潔等理由，許多市場需要受到規範。即使既有企業不從事遊說，這些規範也會製造摩擦，減緩新創意進入市場的速度。然而證據顯示，因為這些規範所製造的摩擦，輕重程度差異極大，因此行動積極的監管機構可以協

助市場破壞者打通關節。

以英國的銀行業主管機關金融行為監理總署為例，他們創建「監管沙盒」（Regulatory Sandbox）計畫，容許新點子在安全環境中進行測試。如此一來，主管機關就能審慎監督，同時可以彈性應用現有法規。這種方式允許新進挑戰者提供具有原創性的替代方案，跳脫非常保守（而且規模極大）的既有金融機構格局。如果不這樣做，新進業者的腳步就會慢很多。

監管提供摩擦，但無法長期防衛市場不遭到破壞，至於能提供多少防衛，那就隨相關監管機關高興了。

財務

現在設立一家破壞市場的企業（或建立破壞性創新產品），所需要的時間和基礎設施，按理說會比過去低得多，服務也比以前便宜多了。拜網際網路之賜，我們現在可以上網搜尋並快速組合許多開設企業的基本模組。公司登記、銀行帳戶、託收付款，這些都可以利用手機申辦，只要花一小時的功夫，你就可以輕鬆辦好手續。我們可以找到世界任何地方的供

應商，透過亞馬遜、阿里巴巴等交易平台，爭取到最便宜的價格。我們還能透過oDesk和Fiverr之類的平台，找到合適的自由業者幫忙打造產品，或協助我們經營企業。再者，透過電子郵件、社群網站、網路等「武器等級」的行銷科技，我們還能找到消費顧客。像Autodesk Fusion 360之類的軟體，讓我們只要透過單一介面，就可以設計、測試、製造產品原型，而且對於新進業者來說，這類工具更是價格實惠。

即使是製造產品原型的硬體，價格也已崩跌。我小時候很喜歡玩科學玩具，甚至曾經為我那台ZX Spectrum老電腦，焊接一台機器人控制器。平常零用錢到手，我就會跑去電子材料行買零件。那個控制器花了我5、60英鎊，如今只要花2英鎊的價錢，就可以直接向中國製造商買到更強大、更精巧的現成產品。假如我想自己組裝機器人，大可利用3D列印機來列印零件，列印機售價100英鎊，塑膠線材一卷要價15英鎊。

籌資依然非常重要。創辦一家大公司，或是打造複雜、已經可以直接應用的創新產品，現實上仍然需要時間、技術和資源，因此投資絕不可少。但話又說回來，如今這些障礙已經遠低於從前了。

信任

最大的障礙也許是信任，這屬於社會層面。

在公司內部，信任感是最可能讓創新胎死腹中的因素。員工相信新的工作方式不致使他們的生活變得困難，也不會損害他們的職業展望嗎？對新進業者來說，信任與品牌關係密切，消費者是否信任這家新進企業說得到做得到？在財務方面，這一點尤其重要——你能信任這家不知名的公司，把錢交給對方嗎？

幸運的是，這種障礙在新時代也降低了。我們不斷遭到新穎的點子、品牌、產品疲勞轟炸，所以如今的常態是大家對什麼都感到陌生。怎麼可能會更熟悉呢？社群媒體像泡泡一樣，造成非常多社會分裂現象，以及令人跌破眼鏡的選舉結果。從某方面來說，這些泡泡廣受歡迎的原因，也許是提供一層絕緣體，使我們不必受到大量新奇事物時時刻刻轟炸。

儘管人類不太可能演化到能夠應付這種改變，但這就是新的現實，我們必須適應它。在這種環境下，新事物已經不那麼讓人震驚，和過去的差異也沒有那麼大，信任也變得比較容易了。

摩擦點燃火苗

或許使用者或消費者對目前的體驗懷有相當大的痛苦，但若信任程度很高，就會阻止他們設法改變。這是許多既有業者的現實情況，不論是現有組織內部的技術或流程，或是組織外部對企業或消費者的供應商，都是如此。話又說回來，消費者或使用者的經驗很糟糕，確實是相當大的改革動機。如今的不動產業和銀行業就是非常清楚的明證。如果現在的經驗夠惡劣，大家會願意賭一把，試試新的供應商，哪怕名不見經傳也無所謂。

最近有一項創新問世，只需短短幾分鐘，就可以線上開設企業的銀行帳戶。一、兩年前，同樣程序需要六個星期才能完成，現在某些老字號銀行還是要花六星期。你去一家分行開戶，不料對方卻要你改打電話申請。你打電話過去，有些銀行會寄紙本申請書給你。根據我的經驗，就算打電話三催四請，這些申請書也不一定會寄到。其他銀行會和你約時間面談，對方多半只有很膚淺的企業經驗，他們會努力理解你的21世紀企業，然後用符合20世紀申請表格的敘述填寫，因為這是他們職責所需。這還算是最好的情況——幸好我不需要貸款，而且已

經是該銀行將近二十幾年的老客戶。

　　銀行有特定責任，必須符合法律和產業規範，維持監督與制衡機制，以確保服務對象行為合法，不從事洗錢，也不會讓銀行本身陷入經營困境。然而這些規則和監管，都不能做為老字號銀行的藉口，替他們業務流程中隱含極高的摩擦負荷做辯解。必要的摩擦終究會點燃火苗，有創意的新競爭者總會找到挑戰現有業者的方法。有了Tide這類線上服務，現在大家可以在區區幾分鐘內，透過網路銀行開設好企業帳戶；也有很多新設企業搭上這班順風車。

　　這並不代表沒有阻力：對很多人來說，「生不如熟」是一種行為準則，即使對方有缺失也寧可選擇和這個熟悉的對象打交道。人們仍然需要教育，才能減緩心中的畏懼。儘管如此，摩擦點燃火苗還是最完美的通則。只要現有的服務、產品或流程帶給使用者痛苦，不論在何處，都會造就破壞現狀的機會。當那樣的破壞來臨時，消費者很可能會熱烈歡迎，因為新鮮感總是會戰勝劣質服務，而且屢試不爽。

第**6**章
高頻變革的風險

變革的本質發生改變，為什麼事關重大？因為我認為，除非適應這個新現實，否則我們和組織都將敗落。

回想一下本書開篇時所舉的比喻：「馬匹大的鴨子」和「鴨子般大的馬群」。馬匹大的鴨子代表我們往常被訓練來對付的變革，這種變革的速度慢、規模大，我們和組織就算不能完美應付，也都已經適應。第一章所敘述的變革型態就是這一種：從馬車到汽車，或是自動化家電的發明與普及。應付這類變革並不容易，它們可能造成很大的破壞，害得有些人苦苦掙扎，很多機構被淘汰。可是大家至少有過應付這類變革的經驗，知道它終將會降臨，所以有緩衝時間思考如何因應，即使實踐起來或許不如人意也無妨。

在大規模、長波段式的變革模式之外，又出現新的現象，也就是「高頻變革」：鴨子般大的馬群。這種變革比巨弧式變革的規模小，但又足以破壞單一產業或企業。這類變革不計其數，而且往往同時發生，動作非常、非常迅速，只花不到十年的時間，就能把整個產業攪得天翻地覆，有時候時間甚至更短、更快。

一旦克服第五章所描述的障礙，高頻變革最終將會破壞許

多產業，甚至是所有的產業。這些障礙包括：機會、能見度、監管、財務、信任。其實高頻率變革已經破壞了某些行業，譬如音樂產業。

曲不成調

2001年，音樂產業終於一致行動，而我正好躬逢其盛。當時我在一家專門幫科技公司做市場行銷的代理商任職，RealNetworks是客戶之一，這家公司創作的串流媒體非常受歡迎，今天大部分的媒體消費都是倚賴這項技術，包括網路收音機、節目重播服務、英國廣播公司（BBC）的iPlayer、網飛（Netflix）、Spotify等等。

RealNetworks過去曾居中與五大音樂公司做成交易，建立一個統合的數位音樂商店，最終可望挑戰非法下載音樂的威脅。這家商店叫做「音樂網」（MusicNet），我個人參與籌備揭幕發表會，地點在倫敦的某家飯店。

在此之前的幾年，透過Napster之類的平台在網路上非法下載音樂的行為十分猖狂。2001年2月，這個平台達到2,640萬用

戶的巔峰，而類似的網絡也已興起。2001年7月，藝人德瑞博士（Dr. Dre）和金屬製品合唱團（Metallica）對Napster提出法律訴訟，最終Napster以結束營業收場。從音樂的角度來看，提出訴訟的兩造當事人音樂風格天差地遠，可是在法律上的結盟效果奇佳。但這樁案件對整個網路上的盜版音樂流通遏阻力有限，用戶紛紛轉移到替代平台，例如Limewire。

在此同時，音樂產業大多拒絕投入數位分銷。2000年，眾家音樂公司銷售的音樂光碟創下歷史最高紀錄，總共賣出將近25億張光碟，獲利非常豐厚，因此業者覺得沒有必要投資自己不懂的產品型態。可惜等到局勢明朗，他們已經別無選擇。

音樂網是音樂分銷商，而不是零售商，它志在成為單一平台，讓不同唱片品牌可以在此建立自己的數位音樂商店，這裡說的唱片品牌，就像是著名的英國唱片零售商HMV。

音樂網並不是HMV對數位音樂的第一波出擊。HMV最初在2002年加入英國藝人蓋布瑞爾（Peter Gabriel）的OD2平台，2005年才加入音樂網平台。當初HMV砸了1,000萬英鎊，大張旗鼓啟動它的新數位平台，但是才過了三年，卻轉到另一個平台重新再來。可惜的是，不管數位音樂再怎麼成功，也無

法彌補實體唱片行的業績崩盤。HMV基於諸多理由，依然堅持傳統，不放棄銷售實體唱片，最後公司也因此徹底瓦解。

HMV宣告破產之前不久，我才見識到實體音樂通路和數位音樂通路的成本差異。當時是2012年，我去蘋果公司位在倫敦攝政街的辦公室拜會，替某項新產品（或別的東西）做簡報。蘋果公司的公關代表帶我參觀辦公室的不同部門和工作團隊，途中停下來在iPad控制的咖啡機取了一杯咖啡。這位代表指著一處說：「那面牆後面是iTunes團隊。」我問他：「裡面有多少人？」他說：「大概十七個。」

老實說，我記不得他說的究竟是十三、十四還是十七個人。我沒有拿筆記下來，反正不超過二十人。

2012年蘋果公司的iTunes營收並沒有顯著暴增，音樂內容型態和地理區的成長亦是如此。不過我們曉得，當年度那條產品線進帳近130億美元，這筆營收有一部分來自歐洲，也就是那支十來人的團隊所負責的地區（當然也有賴美國龐大的工程團隊支援）。

我們來比一比HMV當時僱用的員工人數。2012年，HMV公司的營收是8億7,300萬英鎊，比前一年減少20％。為了經營

公司業務，他們在英國的238家店面總共約有5,000名員工，另外設在其他國家的分店也有員工。其實和兩年前相比，HMV的分店數已經少了50多家。

5,000名員工總共賺了8億7,300萬英鎊，但是公司需要支付店面租金、稅金、物流成本，才能運輸和銷售那一點點塑膠做成的光碟。反觀蘋果公司一支十幾人的團隊就能賺到數十億美元，因為產品是在網路上用數位方式提供內容，幾乎完全沒有物流成本。

這兩家公司明顯有天壤之別。

更令人咋舌的是實體媒體過渡到數位媒體的速度之快，從那次在倫敦飯店宣布數位平台啟動算起，短短十年後，數位音樂就已經把一個百年產業殺得幾乎片甲不留了。

商業大街的故事

如果你有去那一天的音樂網發表會，你能預測到商業大街唱片零售店的末日將至嗎？還有，當你首次試用蘋果智慧型手機iPhone時，會料到諾基亞（Nokia）將會飛灰湮滅嗎？第一次

使用數位相機之後，會猜到柯達相機即將走入歷史嗎？

很少人在經歷這些初體驗時會產生疑惑，而能預料到結局的人就更稀少了。至於能夠看出一項技術將導致某個產業沒落，進而願意賭上金錢和聲譽，押寶這項破壞性技術的人，絕對是少之又少。即使擁有最多財務誘因的預測者（風險投資業），押寶之後真正獲利的機會也只有5％。

以HMV、百視達（Blockbuster）和其他遭到高頻變革重挫的大品牌為例，他們不覺得需要及早體認到風向的變化，不需要從一開始就窺見未來。大規模給了他們時間，讓他們能夠做出困難的決策，以求在新世界中繼續生存，甚至蓬勃發展。然而這些大企業並沒有因此而得利，反而等到一切都為時已晚，才設法尋求轉變。拿諾基亞為例，該公司執行長的一句評語後來聲名大噪，他認為自家公司正站在一個「焚燒的平台上」。為什麼？

原因有很多，我們會在本書第二部分細談，這裡只講個大概。

首先，這些公司沒注意到未來的發展，至少沒有往正確方向關注。每一家公開上市公司（任何具有一定規模的公司）

都被要求提前為下一個年度做準備。短期計畫是典型的日常業務，總會視大環境的狀況而定，把去年的數字拿出來加加減減幾個百分點。大多數大企業也會展望遙遠的未來，預測十年、二十年、三十年後的情況，雖然是寶貴的實驗性演練，可是通常不會進行像樣的投資。遺憾的是，這種預測演練並不常見，也許每五年才做一次。

一般來說，企業的中期規劃做得很差，而這正是高頻變革可能出擊的期間。中期計畫分別納管不同產品或服務領域，多半純屬被動因應；這類變革計畫以外部刺激為主，譬如政府監管、財源減縮，或出現競爭挑戰等等。

簡單來說，大多數公司根本缺乏正式的機制，無法窺看趨勢，以及應付不久後可能降臨的新生存威脅。

第二個問題是決策。大公司的權力往往高度集中，尤其是攸關策略方向的權力。決策過程需要能夠協助組織採取適切行動的資訊，但是這種資訊在組織中的流動往往非常遲緩，而且經過一層又一層關卡之後，已經修飾過度，以致失去意義。組織核心的決策者常常把焦點放在必須立即出手的滅火行動上，以及他們已經知道並了解的競爭威脅上，至於企業外緣的現實

狀況，他們幾乎被隔絕在外。

第三項問題是惰性。改變大型組織很困難，特別是長期提供相同服務的公司，而且該項服務又為股東賺進可觀的報酬。這類公司受到財務和契約的束縛，多年來經過有機與優化發展，才能提供今日的服務，因此特別難以打破現狀。從結構上來說，這些公司往往超級複雜，組織架構盤根錯節，不是難以理解，就是和日常現實嚴重脫節。打散組織架構再行重建，可能會對流程造成太大的破壞，哪怕這麼做有利正確的最終目標，卻可能害死公司。

針對新現實的訓練

既有組織不是為高頻變革打造的，業務流程也沒有把高頻變革列入考慮。我們的主管階層沒有接受過應付這類挑戰的訓練，更別說做好準備。除非我們正視這些問題，否則將有很多企業可能關門大吉。

有些人會說這是自然循環，就像經濟學家熊彼得（Josef Schumpeter）形容的，「創意破壞的必然循環是資本主義的關

鍵」，只不過現在速度加快了。可是我還是心存懷疑，為什麼創意破壞必須建立在失敗之上？為什麼我們不能重新調整組織，讓它們變得更靈活？如此一來，組織豈不就能持續不斷自我修正和自我投資，從自己的灰燼中重新站起來，在恆久的「浴火重生狀態」中運作？

創意破壞是浪費的過程。還記得創新的煞車嗎？監管、財務、信任。既有企業已經擁有顧客的信任，起碼一流企業有這樣的信任。他們資源充足，了解立法，甚至影響立法，也容易獲得資金。可是當前這些公司卻把此等優勢用來阻止變革，誤信公司依然處在變革循環長達數十年的世界裡，並且秉持這樣錯誤的信念經營公司。這些維護現狀的行動，將會導致報酬越來越差，直到他們明白過來，想要生存就必須推動改革，而不是和改革作對。

但這並不代表你一看到某項潛在破壞即將降臨，就該立刻把公司的未來賭在新方向上。不過你確實必須體認到，破壞力量已經產生，將會限制你反應的時間。很多位居市場導向職位的人，骨子裡相當自大，你必須抵抗那樣的心態，要理解今天的作為，明天未必收穫成功。一旦了解這一點，你今天就需

要投資，增加組織的靈活度。這意味改善短期、長期，特別是中期的展望與計畫，也意味要加快速度，從組織外緣獲得最精準、有用的數據，加速決策過程。另外，這還意味替公司做好改變的準備，當時機成熟時，你需要能夠快速行動，而不是被過去綁死。

這一切都不是免費的，甚至也不便宜。組織要靈活，就必須付出代價。尤其當情勢越來越清楚，你就會知道，這絕對是永續成功必須付出的代價。

第 **7** 章
變革理論

　　高頻變革並非是存在真空中的構想，過去四十年也出現過好幾種關於變革動態本質的理論，它是其中的一種。所以趁這一部分結束之前討論高頻變革的概念是有道理的。

破壞的時代

　　加速派心態所想出來的最新用語是「破壞的時代」。這個觀念出現在眾多社論文章中，浸染了整個科技業的行銷文宣，對想要販售解決方案的人來說是絕佳的創作素材。說起來讀者也可以將我納入這個陣營，畢竟我賣你的這本書，也是以加速變革的這個觀念做為基礎。

　　破壞的時代和加速派所頌揚的部分理念，對既有業者和新進業者帶來衝擊。新進業者（新創事業）因破壞時代的觀念而體認到過去的障礙已經下降，而且背後有風險投資的資金支持。當變革時機成熟，任何產業毫都無抵抗這些新創事業取代的辦法，連最老牌、最強大的既有業者都抵擋不住。

　　反觀市場上的既有業者只感到恐懼，這些人就是加速派訴求的對象。加速派大聲疾呼變革所造成的影響（有時候是刻意

營造的），讓既有業者尋求捍衛自己的解決方案，以免被大批新進業者或行動更快的競爭者擊垮。

聽起來好像在替加速派推銷，利用恐懼感販售解決方案。不過我認為利用這種恐懼感來賣方案的大多數人，心裡是真正相信這種論調的，甚至感同身受。畢竟就像我說過的，80％到90％的人都覺得現在變革發生得比以往更快。此外，既有公司面對新威脅的頻率確實是越來越快，不過理由和我已列舉的理由有微妙的差別。我將在後文說明，既有公司缺乏準備，無從辨識也無力應付這些新威脅。我要建議既有公司利用科技，或是延請顧問公司，來協助他們抵禦這些威脅，如此建議應該是合情合理吧。

破壞的時代這個觀念的問題出在欠缺我說的微妙差異，也沒有明顯的反應動作。假如我們正處在破壞時代之中，那麼肯定應該有證據顯示「每一件事物」都正面臨破壞，而這種說法顯然有誤。過去三、四十年來，很多產業的競爭態勢、營運架構，甚至核心技術都沒有太大的改變，譬如營建業就是很貼切的例子。雖然大型工程計畫的營建技術有些進展，運用的材料也有緩慢的改變（多用鋼鐵和玻璃，少用磚石），不過今天建

造的房屋，基本上和一百年前的房屋看起來大同小異；一百年來，蓋房子時灌水泥的方式並沒有改變。即使營建業被迫採納某項技術，例如接納建築資訊模型運動（建築資訊模型是在整個營建過程中，管理資訊流通的方法）時，過程中幾乎每一個關節都遭逢阻力。同樣情況也發生在教育、交通、政府服務、保險等行業，他們全都在表面上做了一些數位化的調整，可是核心部分幾乎談不上真正改變。

國際貨幣基金會（IMF）指出，如此這般缺少破壞，已經造成從業人員薪資壓抑，以及對消費者的價值減低。每個產業遲早都會面臨破壞，破壞的時代也暗示厄運將會同時發生。

當破壞來臨時，你會怎麼做？在破壞的時代中，肯定樣樣事物都會遭到破壞，而且毫無抵抗之力。再強調一次，這種說法我壓根不相信。現在我們顯然需要應付某一類新的變革，它們的速度比較快，也有特定的規模，只會出現在不久的將來，之後也會造成影響。不過這是一種明確的挑戰，當事人能夠採取反應動作。

破壞的時代這個觀念實在太寬廣了，也許我們以理解它為何造成風靡：簡單易懂，而且從極力吹捧它的媒體業立場來

看，很可能真的感同身受，覺得破壞的時代已經來臨了。媒體這個行業正好遭遇到變革煞車系統失靈的局面，他們已然遭到科技的破壞，情況也最為嚴峻。

權力的終結

很多人想要弄清楚在媒體渲染以外的「破壞的時代」，最有趣的嘗試大概是來自作家納伊姆（Moisés Naím）。

納伊姆是那種學經歷俱佳，讓旁人都自愧不如的傑出人才。他是國際性報紙的專欄作家、電視節目主持人，也是卡內基國際和平基金會的傑出學者。在此之前，納伊姆當過《外交政策》（*Foreign Policy*）雜誌的編輯、委內瑞拉頂尖商學院的院長、世界銀行的執行董事。噢，他還當過委內瑞拉貿易與工業部的部長。納伊姆寫過十本書，2013年出版的《權力的終結》（*The End of Power*）也許是他最有影響力的著作。臉書創辦人祖克柏（Mark Zuckerberg）非常喜愛這本書，納伊姆在書中寫道：「現在權力比較容易取得，比較難運用，又比較容易失去。」他舉的例子包括政府、公司和教會。

令納伊姆憂心的是，這種現象暗示缺乏前後一貫的變革會破壞進步的結果。不斷的破壞可能很刺激，也意味快速的改變，可是這種改變不見得有益，最終還可能淪落到無政府狀態。

我和納伊姆的憂慮有部分雷同，特別是在審視既有公司和新創事業之間的戰爭時。一直到最近，我們才對新創事業文化發展出差異較微妙的觀點。長久以來，我們自然而然青睞勇氣十足的創業家，比較看不上他們想要擊敗的那些「肥貓」資本主義巨獸，嫌棄這些公司對環境的不良作為、過分優渥的紅利、差勁的服務。可是我們發現，既有公司雖然稱不上完美，但是行為通常比新進對手得體。新創事業文化在外界眼裡往往是散發男子氣概、討厭女性、帶有種族歧視，商業模式多半倚賴聘用薪水極低的自雇性質員工，以及「竊盜式資本主義」（klepto capitalism）──靠奪取共用資產賺錢。他們強力逃漏稅，不惜壓榨員工，即使大手筆裝出做慈善的樣子也無法掩飾惡行。

這種描述或許流於含混不清的諷刺，不過仍有很大一部分是真實的。如今反作用力開始出現了，促使更多有良心、有社會意識的新創事業成立。不過為求公允，我們還是該問一問：

持續不斷的破壞（也就是熊彼得所形容的創意破壞的颶風）是效率最高的進步型態嗎？抑或教導大企業不斷自我投資、維持善心、端正行為，才是更好的作法呢？

VUCA

關於破壞性變革，美國軍方曾提出過一套思慮周延的理論，大概是探討這個主題最早的例子。

1980年代初期，北大西洋公約組織和蘇聯之間緊張氣氛再起。如果讀者和我一樣在那個時期成長，應該看過一本漫畫，後來還改編成電影，叫做《風吹的時候》（*When the Wind Blows*）。故事講述一次核子攻擊事件後，英國一對退休老人的故事，非常嚇人且淒涼。在第一次攻擊中倖存的人，接下來因為輻射毒害，遭受漫長、緩慢且痛苦的死亡過程，內容還提到糧食缺乏，基礎建設分崩瓦解。

大家雖然對核子攻擊萬般恐懼，可是冷戰後的歲月至少是一段擁有確定感的時期。打從第二次世界大戰結束之後，美國和蘇聯兩大超級強國便陷入對峙僵局。美國與盟邦努力限制共產帝

國的擴張，不過在那個同歸於盡的年代，雙方都有足以毀滅全人類的核子武器，這一來兩邊都不敢輕舉妄動、挑起緊張氣氛。於是戰爭持續下去，只不過大半只是相互對峙的冷戰。

冷戰期間，敵人的意識型態和目標明確、清晰可辨。然而1980年代末期到1990年代初期，蘇聯旗下諸國掀起民主革命，最後冷戰終結。接下來情況就變得複雜多了，美國軍方的策略謀劃專家開始撰寫文章，討論在這個新世界裡該如何運作。過了幾年，他們塑造了一個名詞，叫做VUCA，這是四個英文字組合而成的縮寫，分別代表：多變（Volatile）、不確定（Uncertain）、複雜（Complex）、混沌不明（Ambiguous）。

又過了幾年，VUCA從軍事思維越界進入管理學理論，此後也不時重新現身，以當前的政治地理氣候來看，這套理論特別貼切。許多選舉結果經常出人意料，新冷戰隱隱成形，我們曾倚賴的主要優勢已然變得不再可靠。

高頻變革延續VUCA濃縮的部分思考模式，「多變」意味舊的變革模式不再。我認為要理解這個觀點，最佳途徑是弄明白低頻率變革如何轉變成高頻率變革。「不確定」意謂比較無

法預測的事件。話又說回來，我向來覺得人類的預測能力本來就不怎麼強。如今我們能夠指望維持「照常營業」的時期縮短了，因此必須更努力預測，以保持掌握先機。「複雜」指的是眼前的威脅和機會更多元了，公司面臨的威脅來自四面八方。軍方最先將這套思想應用到國家層次，如今各個國家同樣面臨無處不在的威脅。

今天組織的營運環境是否更加「混沌不明」？這個問題很有趣，但可能不是本書要探索的問題。你可以主張當今的營運動機和從前並無不同，也就是對一群利害關係人提供利潤或服務。同理，組織這項能力所面臨的威脅看起來也很眼熟，即使透過多變性、不確定性、複雜性的層面看出威脅有些改變，但本質是相同的。然而社會環境更寬廣，理當比過去更加混沌不明，這自然會對企業決策產生衝擊，進而影響決策究竟是「對」或「錯」的認定。

VUCA是一套很有用的參考標準，可以判定我們所面對的破壞力本質，以及釐清我們在應付這些破壞力時，必須考量的方方面面。

行動的時刻

有一點很重要：加速變革並不是什麼新觀念，而「破壞的時代」之類標題所代表的狂熱現象，也不是新流行。以前鐵路和蒸汽機迅速問世時，也曾掀起極大轟動，這樣的風潮往往凌駕眾人，為泡沫化火上加油，而泡泡最終必然破滅。可是這並不代表大破壞時期可以省略，也不代表不需要一套新的行為因應即將到來的變革。

前文所說的三項變革理論不論內容充不充分，都顯示大家有共識，就像當初鐵路熱潮一樣，現階段和過去在某些地方不一樣了。問題是，該如何釐清那項改變的特質？更重要的是，如何選擇因應對策？

首先，我們必須確立並非所有產業部門的改變速度都一致，即使相同地理區的改變也有快慢之別。各別公司、產業、個人所經歷的加速變革或有不同，但是遲早都將體驗到改變，這一點無庸置疑。

高頻變革的觀念剛好可以做為解釋。據說當前的世界正處在一波巨大的、脫胎換骨的變革之中，也就是互聯網的衝擊，但同時我們也正在經歷高速進行的較小波段變革。這些小波段

變革的數目很多，彼此平行，但並非排列得整整齊齊，它們會在不同時間襲擊不同的地方。這些波浪的震幅足以破壞單一公司或產業，多半在兩年到五年之間就會發生。

了解這一點後，我們必須探討如何因應。我們是否已經備妥作業流程，可以趁這些波浪剛剛露出端倪時及早窺見？我們是否有足夠靈活度，可以因應隨之而來的大小波瀾？

這些問題和一些可能的答案，是本書第二部分的主題。

PART
2

運動型
組織

第 **8** 章

「照常營業」之外

「當公司把焦點放在卓越營運上，那正代表創意時代結束了。」

——尚克斯（Ryan Shanks）埃哲森（Accenture）顧問公司

「碼頭」（The Dock））創新中心主任

卓越營運（operational excellence）聽似高貴的目標，不論做什麼，都要做得盡善盡美。假如你現在做的事，未來還會有人繼續付你錢做下去，那當然不錯；如果沒有，那麼卓業營運只不過是優化（optimization）一項垂死的服務，恐怕不是你想要投資的對象吧。

大部分企業理論和領導實務都是關於優化，只是型態不盡相同。所謂優化就是把你正在做的事情做得更好，而「更好」指的通常是更便宜、更快，或是賺更多錢。然而大家很少花時間和腦力思考：我們正在做的是正確的事嗎？明天這些事情會和今天一樣正確嗎？

若是你的企業或提供的服務，壽命長達數十年，這個答案也許沒那麼重要；即使遲早一定會被某一變革浪潮波及，反正人人都逃不掉，就像老人自然壽終正寢一樣。畫下完美句點，評論會說你已經盡力了。

可是萬一你只能冀望自己的企業或服務享有幾年或幾個月的壽命，又當如何？屆時把心力聚焦在優化組織運作上，看起來就不怎麼明智了。你需要平衡自己投入的時間，把焦點從現在推移到明年，這就是高頻變革的含義。

這麼做是進行脫胎換骨的改變，行為、文化、投資各方面都是如此。對於某些類型的組織來說，挑戰特別艱難。至於人們是否會改變時間的平衡，則要看他們的目標、事業階段和態度而定。

美好的今日

任何領導人在思考這項挑戰時，第一個問題都是：你想要達成什麼目標？

假如答案是短期的成功，那麼卓越營運就是合理的目標。由於公司股東施加壓力，要求在固定時程達成目標，加上某些地方的高層主管有旋轉門規定，因此把營運焦點放在未來短期，可能完全說得過去。如果你的公司是私募企業，眼光只放在短期獲利上，或是公司可能在近期內被購併，那根本就沒有把焦點轉移到未來的選擇。

對於組織的其他成員來說，問題很明顯：雖然領導階層可達短期目標，可是當變革無可避免降臨時，領導階層以外的所有人都會遭到池魚之殃。為了今日業務而推行超高優化、拼命

追求最高獲利的組織，幾乎看不見迫在眉睫的大轉變。這樣的公司欠缺支援變革的訊息傳輸能力、想像力、技能、資本，而且到了這個節骨眼，往往也無法與顧客維繫的良好關係。

方法與內容

並非所有人都密切關注下一期的營運成績，很多企業領導人有機會也想把焦點放在管理本身，或放在自己卸任後的組織體質上。這樣多少能改變情勢，除了保障基本獲利或營運謹守預算，你還擁有自由，可以思考下一季度或年度獲利以外的事，可以考慮未來顧客想要從你這裡得到什麼。即使沒有自由現金、沒有政治支援，你也享有自由，可以開始超越今天的商業模式。

假設你已經占據這個職位，接下來的問題是「要怎麼做？」即使你了解高頻變革，也渴望自己能夠隔絕高頻變革比較負面的影響，但究竟要從哪裡開始著手？

當務之急是理解優化和「照常營業」的心態，因為這將會損及加速變革的確定性。

照常營業的心態

你聽過美拉尼西亞的「貨物崇拜」（Cargo Cults）嗎？

第二次世界大戰期間，萬那杜和其他島嶼的部落百姓目睹交戰雙方的軍隊利用空運，載來數量龐大的補給品，那些東西他們前所未見：罐頭食物、工廠製造的衣服、吉普車。他們看見外來的先進科技物品，將之當作神祇般崇拜。

戰爭結束後，交戰軍隊撤離，有些部落民眾開始嘗試重建空中補給的設施，以為這樣就能重新獲得食物供給。他們升起訊號火焰、建造竹製機場塔台，用木頭雕刻耳機，聆聽想像的神諭，相信這樣就能帶來財富。

相關理論指出，這些部落民族並不真的理解空運系統是怎麼運作的，可是他們以為只要建造看起來雷同的東西，就會得到相同的結果。

這正是許多企業得到引導的方式。我們都根據一套已被遺忘大半的模式行動，透過這套模式去捉摸企業應該是什麼樣子、在企業裡工作的人又該是什麼樣子。我們觀察同事和競爭者，閱讀書籍，又從小說中借鏡許多個案，然後在自己心中組合這些原始模型。我們都碰過一些人或某些主管，就像英國電

視劇《辦公室風雲》（*The Office*）裡的布蘭特（David Brent）那樣虛偽、自欺欺人。

　　這樣的情況很常見，例如客服人員使用語帶哄騙的官腔，對話中開口閉口「你自己」，彷彿這樣比講「你」來得正式。另外，你也可以從「假性出席」（Presenteeism）看到這一點。刻意關注中層主管有沒有準時達成目標；不自覺注意別人在辦公室裡待到多晚。如果工作時間越長，想必就能創造更多價值吧？我認為，大錯特錯。

　　大部分員工的職務描述和每天真正做的事情關係不大。組織架構圖並沒有說明，為了維持企業既使發生「突變」也能繼續運作需要克服多麼複雜的有機混亂。就像耳語傳話的遊戲那樣，企業實務從一人傳授給另一人，長此以往，越來越悖離原始的用意。由於我們很少有機會檢討組織，然後根據今天的現實重新設計，於是只能夠花更多力氣或更少力氣，繼續去做昨天做過的事情。這一切都是根據一部只憑想像或一知半解的操作手冊，過去它曾有過輝煌的歲月，如今卻已不合時宜。

　　即使經常調整組織架構圖和檢討職務敘述，通常也只在舊商業模式的無意識架構內進行，想要超脫這個框架著實困難。

展望未來

人們主動打破延續心態的唯一時機，是相信未來將會出現極大變化的時候。可是這樣的信念必須來自某種程度的遠見，而這正是大部分組織最弱的地方。

短期規劃

大多數組織的短期規劃落在下一個會計期間，不論資金來自撥款或營利都一樣。這種型態的規劃，本質便受限於「照常營業」：你只能依照目前的流動狀態或利潤差異，來規劃下一期的收入和開銷。公司可能計畫推出新產品線，或是有新的股東要投資，也可能開發新的市場通路。但絕大部分情況是，下一季度或下一年度的展望和上一期大同小異。

這種現象到底有多真確？我用自己的經驗闡述。我曾與加拿大的Prophix軟體公司合作過，該公司專門從事會計流程的精簡化和自動化，客戶多半是中等規模的組織。我受聘這家公司時，有一部分工作是建立一套查帳工具，讓客戶的財務長和高階財務專業人才能夠依據標準，就財務機能是否「做好未來準

備」的這個目標做進展評估。

我們對客戶發問卷，其中有一個問題是關於預算和策略的配合。假如組織要在短期內推動變革，就必須在策略中考量相關預算；不投資的話，根本改變不了什麼。可是問卷收回之後，12％的回覆者告訴我們，策略是他們每一年度預算的起點，另外大約有2／3說他們的預算和策略之間沒有關聯，或說只在組織最高層級才會配合。

如果策略無法轉譯成預算數字，那麼就算這項策略是正確的，也很可能不會執行。這項問卷調查發現大部分組織的預算和策略脫鉤，這項事實說明我們為短期所做的展望和規劃，態度是多麼散漫。完成查帳的組織數目相當少，但仍然是寶貴的數據，可以讓我們了解理想規劃內容和現實之間存在多麼大的差距。現在的情況是，我們並未做好充分的準備，沒有運用目前的短期規劃技巧去引領組織的方向。

長期規劃

想像你正在某家旅館的會議室。這是一家好旅館，地點

就在市郊。召開會議的高階主管說：「旁邊恰好連著一座很棒的高爾夫球場。」現實是這家旅館正是為了服務高爾夫球場才開的，說起來，你參加的這場會議何嘗不也是為同樣的目的召開？

對於高階管理團隊來說，這天是「外出日」，人人多少穿得比平常隨興，有些人不穿西裝不打領帶，看起來非常不自在。現場有一位串場的引導者，他笑臉迎人，雙臂揮舞，那個人就是我。

會場放滿了各種形狀、尺寸和螢光色的便利貼，還有很多巨大的白板。這一天會議的宗旨是「思考未來」。時間可能落在五年後，也可能是二十年，大家都必須貢獻不同型態的點子。有的點子將會獲得讚美，有的則會被默默忽略；有些人會被指派任務，彙整所有構想，擬出一份策略文件。一般來說，組織對這份文件只會要要嘴皮子，過了半年之後，就慢慢忽略了。

這一天會議結束後，所有人轉進酒吧作樂。人人都喝得稍微過量，還有幾個比較強悍的，會繼續喝昂貴的威士忌到凌晨。星期一上班時，他們會想辦法把這筆開銷拿去公司報帳。

隔天早上，每個人都得起床去那座「恰巧」與旅館相連的漂亮球場打一局高爾夫，之後再打道回府。

太多時候，這就是我們做長期規劃的方式。或許聽起來有點諷刺，可是如果你曾經擔任過高階主管，我敢打賭你一定認得出其中某些套路。

我並不是說這類會議沒有價值。如果能運用類似「情境規劃」的架構，探索未來可能的樣貌，倒是真的能夠打開人們的心胸；在會議之後所產生的真正策略，也可以將背景設定在此處。可惜依照我的經驗，這種情況很少發生，就算真的如願，「出遊日」也有兩個明顯的缺點：頻率太低、範疇太窄。

頻率與範疇

這類會議的成果經常是一套「五年計畫」，讀者從這個標題，就能明白頻率的問題從何而來。這些計畫一旦定下來，大概每隔幾年才會修訂，有時候甚至遠遠超過五年，計畫早已過期，始終沒有修正過。

在一個專心優化就能維持數十年成功與成長不墜的世界

裡，這可能不是問題，但是在高頻變革的世界裡，多種破壞力強大的問題可能在短期內出現。在一項計畫的壽命結束之前來襲，任何人還來不及好好思考，衝擊就已經發生了。

至於範疇的問題，或者說範疇太窄的問題，來自規劃會議召開時與會者的身分。太多時候這種會議上除了引導者之外，就只有高階主管和一些董事出席。這一群人的目光往往非常不貼近即將挑戰現況的構想，不然就是對那些構想視而不見。

依照我的經驗，只需要在一個工作環境中待幾個月，就會開始吸收那個環境的偏見，因此我限制自己的顧問任期最長只能到半年。假如為某位客戶工作超過半年，我發現自己會開始接受一些原本應該感到駭異的觀點，不再挑戰「這個產業不一樣啦」和「那個在這裡不管用」之類的說詞。

身為顧問，我的責任就是挑戰這些觀點，因為它們很少是真實的。非常多大企業之所以敗落，就是因為囿於這些觀點，未能看清公司即將面臨的巨變。疏忽、自大、潛意識裡的自信全部加在一起，恐怕誰也逃不過此劫。持續挑戰現狀很困難，最終大部分的人都會罷手，或至少降低挑戰的強度，好讓生活過得輕鬆一點。

　　董事會有時會從外面聘請具有專業知識、主見很強的非常務董事，目的是挑戰既有思維。即便如此，過了幾年，這些人往往會變得和組織聲氣相投。每幾年聘請一、兩位新的非常務董事，對於打破集體思維的幫助有限，除了最有主見、最敢言（通常也是最早被撤換）的少數幾個，其餘整個團隊都會回歸極為制式的思考模式。

　　想要打造一套適應需求、切中實務的規劃流程，任何嘗試都必須解決這兩項問題：頻率和範疇。

第 **9** 章
實現變革

組織面對高頻變革時，除了照常營業之外，沒有能力計畫別的目標，但這只是他們苦惱的原因之一而已。其實一旦對未來有了願景，組織才會需要擬定並執行因應對策，而且要在一段時間內實現變革，這樣的行動才有意義。

這種欠缺快速決策能力，致使企業轉型緩慢的現象並不是新的問題。很多人都曉得1980年代初期，IBM公司為了迅速搶進個人電腦市場，使出混身解數的故事。當時市場上像蘋果二代電腦這樣的品牌疾速走紅，蘋果公司也正是因為這項產品一炮而紅。IBM的領導者面對這個情況，體認到個人電腦潛力龐大，便決定採取因應對策。當初IBM這家公司的組織是為了製造和維護企業用大型電腦而生，如今想要在同一個框架內設計個人電腦這樣的新設備，本來就是不可能的任務，畢竟公司的設計標準和組織行為根本不符合速度與靈活度的要求。

於是IBM在巨型企業常見的限制框架之外，創建了一支工程敢死隊——「狡點十二人組」（the Dirty Dozen），迅速打造出產品原型。他們利用市面上現成的零件，而不是自己從頭設計。這條途徑讓IBM快速攻進市場，不過到頭來卻把最成功的果實拱手讓給英特爾和微軟，這兩家公司分別為IBM的個人

電腦提供中央處理器和軟體，並且把相同元件賣給生產IBM相容電腦的所有競爭者，允許對方製造「IBM相容」的個人電腦。

有些人也許會認為這項策略實在失策，不利於IBM這一方，長遠來看，等於坐失個人電腦市場。然而也有一派強力主張，這項策略成就非凡。IBM協助創造標準化個人電腦，若非秉持開放立場，這個市場恐怕永遠不可能達到後來的規模。更多個人電腦意謂銷售更多伺服器和軟體，從長遠來看，絕對有利於IBM建功立業。

創新 VS. 轉型

「臭鼬工廠」（Skunk Works）已經演變成這類產品創新團隊的通稱，它們像是避開雷達搜索般飛行，不受公司普遍的限制束縛。這個名詞出自第二次世界大戰期間的洛克希德公司（Lockheed），當時該公司有一支迅速開發團隊，綽號就叫臭鼬工廠，它致力發展美國空軍第一架噴射戰鬥機，也就是P-80流星戰鬥機（Shooting Star）。這支團隊的名稱和功能後來成為許多類似行動的原型，而這類行動之所以存在，正是因為組

織與領導人長久以來都已了解，優化「照常營業」的流程反而可能限制明日商業模式的發展。

這些企業內的新創團隊得到恰當的保護，可能會大獲成功，不過它們也有限制。上述的兩個例子（以及許許多多其他案例）都是為了開發新產品而設立，由於規模小，能夠與外界隔離，至少能夠得到自由。沒錯，它們最終可能改變企業，最有名的例子就是蘋果麥金塔電腦（Macintosh，Mac）的開發案例，然而它們不能代表整個商業模式。組織怎麼可能在短時間內改變整個商業模式呢？

這個問題顯然太過龐大，不僅攸關財務與流程，也牽涉到文化與人員。在我看來，有兩項關鍵議題最突出：第一，你如何做出推動大規模變革的決策？時間又怎麼拿捏？第二，為了推動這種規模的變革，你該為組織做什麼準備？

重大的決定

回想前面HMV的例子。這個組織開始看出自己的基本商業模式（販售實體媒體）遭到破壞時，領導階層已經心裡有

數，也在集團的年度財報中提到此事。他們究竟是在哪一個時點上，被期待回應這項趨勢——要麼採取行動大規模進軍數位媒體，要麼進行其他基礎改變，拯救公司前途？

是不是在合法音樂下載服務首度推出的時候？五年之後，該公司的營收成長率依然高達兩位數，不但還清債務，還配發股東紅利。在那個較早的時機點，推動任何實質的劇幅改革，無疑都會遭到股東否決，也會造成高階領導團隊異動。

或許三年之後該公司應該進行幅度更大的變革？因為前一年過得十分艱難，實體音樂和影像媒體銷售量雙雙下滑。可是就在這短短三年之後，HMV集團已經被迫重新借款，並且關閉若干分店。即使營收成長達到兩位數，也無法彌補唱片銷售量急遽下跌的慘況。

這個例子充分說明一件事：在決定採取劇幅改變的行動時，決策時機點異常棘手。大多數傳統公司和自己現有的運作模式緊緊綁縛在一起，不論在文化上或在財務上都是如此，HMV的店面租賃模式就是一個例子。

組織做決策時，脫離不了置身其中的結構，如果不考慮組織結構，就無法討論制定最佳策略的過程。

塔樓和石柱

我經常聽到組織的領導人說，他們想要「拆除塔樓」（silos）[2]。可是究竟是哪一種塔樓，大家的想法並不一致。

有些人心裡想的是組織內部不同的職能，因為地盤意識作祟，溝通協調很差。舉例來說，如果財務部門不發揮協調功能，就會產生巨大的問題，造成預算編列實務挾帶憎惡，資訊在組織其餘部門流動不良。同理，行銷部門若是在孤立的環境中運作，也會對企業極為不利。

另一些人所想的塔樓，是有機成長、相互平行的垂直整合業務線。每一項以產品或服務為基礎的勢力範圍，逐漸發展出自己的顧客介面、系統、流程、行為，甚至是自己的語言。有時候，或許是經由購併，或只是因為整合不良，它們甚至發展出自己的財務和記帳系統，塔樓和塔樓之間的互動很少。

從優化的角度來看，上述兩種塔樓都不樂見，它們只會重複花費力氣，投入不必要的行政作業，徒增日常營運的許多摩擦。因此領導人自然想要拆除這些塔樓，整合更密切的運作方

---

2 原意是指儲藏穀物的倉庫或建築，在商學上延伸形容公司或組織中，只對內而不對外溝通，造成資訊不對稱或阻塞的現象。

式，加強職能部門之間的合作，消弭各業務線之間能力重疊的現象。

如此一來，相同的企業也許就有三種不同版本的塔樓：

A. 職能部門存在塔樓心態，造成內部摩擦。

B. 不同業務線之間存在垂直塔樓，往來耗時費力。

C. 塔樓不存在。職能部門整合緊密，支援所有業務線，沒有能力重疊的問題。

從卓越營運的觀點來看，哪一種情況最好？答案很明顯。然而如果必須推動劇幅改革，你會喜歡管理哪一種組織？

選項A肯定會變成夢魘，而且職能部門之間缺乏合作，勢必害你出師未捷身先死，所以答案只能是B或C。如果是我，我會選擇B。

想像改革過程的一部分是捨棄某些業務線，然後引入新的業務線。選項B的情況能讓你可以大致淘汰績效不彰的業務線，不至於牽連企業的其餘部分。雖然不利於那些業務線內部的人員，可是其他人大概都不會受到影響。這樣的分割方式將會相對明快。反觀若是挑了選項C，你就必須設法拆解在制度上和流程上整合密切的部分。譬如業務線之間可能早已發展出

深刻的內部依賴，畢竟這正是優化過程的一部分。在這種情況下，儘管變革絕對稱不上難如登天，但挑戰性卻相對高得多，不論是行政上或職能上都是如此。

真實世界的組織不會和A、B或C的情況完全吻合，它們通常是綜合全部三種的組合。有的組織可能針對某些能力，擁有高效率的共享服務職能，但是針對其他能力卻拒絕整合。別的組織或許有一些業務線合作密切，另一些業務線則完全孤立。我在公家機關和民間機關工作過，遇到過的組織涵蓋上述所有可能的模式，但是它們有一個共通點，就是當變革到來時，全都感到束手無策。

恐新和喜新

一般假設在公司推動變革很困難，主要是基於員工的因素，所以才必須針對變革管理投注非常多的研究和實務。假如你害員工的生計出現危機，還要求他們每日8小時以上的常態工作必須改變，那麼肯定會激起員工的憂心和反彈，恐懼新事物本來就是人類的天性。

　　然而改革不是標準的人類情境，而是工作場所的機能。醫生兼神經科學作家莫羅迪諾（Leonard Mlodinow）在皇家文藝學會演講時指出，人類天生就喜歡新鮮事物，我們喜愛新穎、創新、原創的事物，這種本性也促使我們進步。但在公司情境中，人們之所以強烈抗拒改革，是因為太多時候改革是負面的。重組計畫的某一部分，可能會害我們丟了工作，或是讓我們的事業進展速度放慢。

　　所以，「重組」變成了失業和恐懼的代名詞，然而如果問題的核心以及變革的挑戰根本不是來自員工，而是來自重組的需求，那又如何？上述的三種模式，在推動改革的起始點上都很糟糕。從變革的觀點來看，其中糟糕程度最低的，竟是絕大多數組織追求更高的效率，花了好多年的時間，努力想要避免的模式。這並不意謂這些公司做錯了，問題在於他們的作為不符合變革管理（Change Management）的整體方略。

　　當情勢逐漸明朗，變革將會變得越來越頻繁，此時我們應該全心全意專注於企業優化嗎？當高度優化的組織面臨迫在眉睫的變革時，應該默默接受變革造成人事方面的巨大挑戰嗎？還是說，我們應該思考如何改變今天組織建構的方式，以求盡

量降低未來變革的摩擦；即使那麼做會犧牲部分效率，也在所不惜？

預料失準

這麼說好像是承認我這個未來學家遭逢挫敗，不過後面的章節將會解釋，任何預測的方法都做不到百分之百準確。預料前景的難度非常高，而想要信心十足推動巨幅變革，打造賺錢的成功企業，是幾乎不可能達成的目標。萬一這家企業的股東數量又很龐大，那就更困難了。

我們需要良好的預測工具，才有指望帶領組織，安然度過近在眼前的高頻變革，以及它所造成的變化多端、複雜難解的環境。不過再好的工具也只可能是答案的一部分，當我們看見未來，而且那個未來變得夠清晰，足以推動變革時，就需要研究怎樣做出反應。到了這個節點上，我們很可能需要採取極為迅速的行動，這就意謂我們要改變決策的方式，並且使組織做好迅速改變的準備。

第10章
運動員的特質

高頻變革時代的永續成功原則

阿卡布西（Kriss Akabusi）是英國運動員，也是電視節目主持人，擁有演藝界最狂的笑聲。他講過一個精采的笑話，揭露1991年世界田徑錦標賽時，他和英國隊員如何在4×400公尺接力賽中擊敗美國隊。原來他們贏的不是精神或意志，也不是體力或訓練，他們贏的是策略。

阿卡布西和其他隊員和許多偉大運動員一樣，懂得判讀賽局。他們曉得要打敗體力比自己更優越的美國選手，就必須出奇制勝。於是英國隊更改選手的接棒順序，這在接力賽中極為罕見：他們把跑得最快的布雷克（Roger Black）放在第一棒，如果按照傳統，他應該是跑最後一棒，也就是壓陣跑者。

這讓美國隊嚇了一跳，但也給了英國隊心理優勢。起跑之後，英國隊沒有從頭落後到底，反而一馬當先，一直保持領先到最後。反之美國隊顯然還在震驚中，始終沒有回過神來。最後英國隊拿到優勝，名次躍升到比之前更高的位階。

這項致勝的策略眼光，只是偉大運動員的特質之一。組織若想做好迎接未來的準備，就必須複製運動員的這些特質。

知覺

知覺關乎感官的敏銳度。運動員擁有比別人強的視力、聽力，還有察覺周遭環境的強大能力，曉得自己身體的位置與狀態。不論是透過天生稟賦或密集訓練，抑或融合兩者，當事物迅速運轉時，運動員會比其他人有更強的感知能力。

在組織中，這項能力會轉譯成洞察市場動態的超級敏銳感，對顧客、合夥人、供應商和其他影響成敗的人，都具有強烈的感受力。運動型組織不斷砥礪這樣的感受力，直到磨練出高度敏銳感，隨時對影響組織興衰起落的訊息保持警覺。他們是怎麼做到的？答案是這類組織擁有流暢的資料流，能夠順利進入企業架構，並在其中穿梭，將相關資訊導流到正確的人員手中，速度極快。還有另一種方式，是組織容許靠近外緣的人員回報他們看見的訊息。後面的章節會分別探討這兩種可能的作法。

對於阿卡布西與接力隊友那樣的偉大運動員來說，這種臨場感會把正在發生的事情轉譯成他們對賽局走向的預感。厲害的英式足球員和美式足球員最有名的絕招，除了腳下功夫了得之外，就是他們有遠見，有預卜先知的本領。傳奇的中場進攻組織球員能夠判讀賽局，並且在別人察覺之前就做好布局，預

先曉得自己隊上的鋒線隊員將會在40碼線終點踢球橫傳。

　　運動型組織也需要深謀遠慮，具有判讀賽局的能力，並將領悟到的成果轉譯為行動，及早辨識即將出現的威脅與機會。先見之明，或者說是早期預警的流程，在大多數組織裡既不常見也不正式，這是規劃時廣義弱點的一部分。即使發動早期預警的形式，諸如公司偶爾安排的外出日活動，也不是組織日常管理與運作的常態元素。這一點必須改變，不僅領導人需要跳脫組織藩籬，在管理週期中納入更頻繁、更正式的展望企圖，即便是組織上下的成員，也需要予以鼓勵：請他們刻意留心和思量自己的生活與相鄰、相關的市場與環境，並從各方面汲取和學習，同時願意與大家分享。

反應

　　優秀的運動員都反應迅速，他們不但判讀環境與賽局，也能對感官接收到的訊息快速反應。這種決策能力可以直接轉譯成組織內的決策能力。

　　運動型決策攸關先見、規劃與溝通的深度互聯流程。組

織做好迎接未來的準備，就會了解外部變革的衝擊將影響到哪些關鍵對象：員工、股東、顧客、合夥人。運動型組織洞悉未來，窺見變革，必要時也採取快速因應變革的行動。迅速建立與溝通一套反應的流程，需要經過完善的預演，而這樣的反應型態，必會促成組織採取行動。

靈活度

當然啦，如果運動員的身體不靈活，沒辦法將布局轉化成真正的行動，那麼就算擁有再了不起的知覺和反應，也無濟於事。組織就像運動員一樣，需要有良好的體魄。

體質強壯且做好未來準備的組織，和運動員一樣擁有結實的肌群。這樣的組織，哪些部分執行哪些功能都一目瞭然；它們投入和產出什麼，大家都能明確了解和評估。

大多數組織慢慢失去彈性，他們創立的宗旨只是致力於本業，更多時候是以「不變應萬變」繼續從事本業，所以往往並不考慮改變本業的可能性。雖然很少組織設法追求真正的效率，但是這個名義上的目標依然決定了他們的樣貌。

如今靈活度比以往更重要，組織需要有明確的設計，以便時常重新整備，配合新的市場、產品、服務和目標。功能塊的結構更容易打破和重組，俾使資訊清楚流經各個單位，然後回流到管理階層。

訓練優異的組織

不論跨欄、足球、體操、賽車選手，或是戰鬥機飛行員，所有運動員都是在快速運轉的環境中活動，三項特質使他們特別適應這些處境：

- 強大的感受力：可以察覺身邊正在發生的事。
- 快速反應：將感受到的訊息透過神經系統傳達給大腦，然後大腦再迅速判斷如何反應。
- 強健的體魄：使他們能依照大腦的指示，迅速採取行動。

組織和運動員沒兩樣。在高頻變革的環境中，組織需要對正在改變的事物具有良好的感受力，甚至預見即將發生的事。他們必須針對那些刺激迅速反應，並且快速採取行動。

　　對未來做好準備的組織就和優秀的運動員一樣，很少靠一己之力發展應變對策。他們有負責訓練的專業團隊，協助個體與組織依循正軌，開發每一種能力，以維持整體的高度機能。

　　我所實踐的應用未來學，就是設法替組織配備上述這三項特質，本書正是該項使命的一部分。未來學家並非組織裡的運動員，他們是教練，負責建立一套訓練機制，為組織打造強健的體質，做好面對未來的準備。未來學家的目標是幫客戶的組織轉型為運動員型態，長期來看可以促成並維持組織的勝利。我在工作中嘗試鼓舞領導人，偶爾還會震懾領導人，促使他們投資更多時間、金錢，訓練組織的「預見性」（foresight）。我協助他們打造精簡的規劃與溝通實務，使他們能夠迅速組裝出反應對策，然後和所有受到影響的人員分享。我還會將這套辦法融入組織設計的架構中，確保組織擁有速度快、彈性高的反應能力。下面幾章就來談談這些流程與架構。

第**11**章

更敏銳的感受力

高頻變革時代，

行動反應為何如此重要？

當鄧特（James Daunt）接手水石書店（Waterstones）時，這家書店品牌已搖搖欲墜。鄧特接手後推動了多項改革，給了各分店許多「實在的好處」，其中之一是給它們更多自主權。鄧特過去曾經營獨立書店，這段歷練教會他一件事：「你必須知道顧客是誰，知道他們會買什麼書。」如果由自己負責挑選要賣的書，銷售成績一定會比較好。於是鄧特終止中央採購的決策，允許水石書店的每一家分店挑選自己想賣的書。

結果非常顯著，書賣不掉退還出版商的比率，從20％至25％，驟降到4％。

鄧特的作為，是將決策點搬移到更接近顧客的地方，同時將責任從組織中心推走。任何組織想擁有更強大的回應力，就應該具備這兩種關鍵特質。

期望帶著走

我剛從事未來學的工作時，最早的一個大客戶是倫敦的大型自治市恩菲爾德（Enfiled）。當地官方和其他地方的自治市當局一樣，都在推動大規模轉型計畫。在金融風暴之後經濟緊

縮的氛圍下，恩菲爾德在短短幾年內便痛失一半預算，以及半數工作人員。自治市當局聘請世界四大顧問集團之一的團隊，來為他們掌管轉型事宜，同時也一併管理現職員工和大批約聘人員，目標是把組織精簡到適合新預算限制的型態。

　　透過各方關係，有一天恩菲爾德的行政長官打電話給我，請我前去晤談。他的挑戰在於：儘管有信心轉型計畫將會帶給他牢固的權威，但畢竟比不上從零開始設計，很多方面無法如他所願。行政長官要一個理想型態來做比較，所以找我負責這項任務，目的是設計一個適合21世紀的本地官署，順便利用現有的轉型計畫，幫忙落實那些根據我自己的數位經驗所提出的建議。

　　和2013年的大多數地方政府一樣，恩菲爾德的數位服務並不很強大，現有工作人員只有維護網站的基本數位技能，他們亟需本領更高強的人才。儘管市政府有明確的企圖心，但是與現實仍有一大段距離。地方政府請本地公民提供回饋意見，做為學習與發展流程的一部分。他們很快就明白了，人民對地方政府數位服務的期望非常高，但是非關更多功能；大部分老百姓很少和政府打交道，就算有，也是相對凡俗的事務，他們並不想要求政府

將服務擴充到新的領域。反之，百姓的期望落在更高的效能、速度和容易使用上。這樣的期望並非來自以往使用政府服務的經驗（以前很可能從來沒使用過），民眾的期望是來自於和亞馬遜、臉書、eBay及其他數位巨人打交道的經驗。

即使這些公司提供完全不相容的服務，但是他們卻決定人們對任何數位互動的期望。英國國際貿易部底下的數位、數據、技術策略及設計專案主任艾克斯坦（Simon Eckstein），當時是恩菲爾德自治市負責主持意見回饋討論會的商業分析師，他指出：「在我們努力推動一項大膽的議案時，這樣的期望頗有助益，但它也是鞭策我們的棍棒。」

從那時候開始，已經有許多研究證實這種「期望帶著走」（portability of expectation）的現象，比較有名的是安侯建業聯合會計師事務所（KPMG Nunwood）每年進行的顧客經驗研究。該公司的研究顯示，市場的新進公司沒有老舊技術的包袱，所以能夠不斷開創新局，一再推升顧客的期望。相較之下，有更多老企業總是扮演在後面苦苦追趕的角色。

更難、更好、更快

你也許以為，在顧客忠誠度方面，服務是無比重要的因素。我曾為賽富時公司（Salesforce）旗下的商業雲（Commerce Cloud，前身是Demandware）平台效力過，從事2016年一項關於零售業未來的專案計畫。我參與該項計畫的部分，是針對全球大約7,000名十六歲到三十五歲的「千禧世代」進行意見調查，對於零售業者能夠做些什麼來建立顧客忠誠，這個族群了解得一清二楚。在他們眼裡，最優先考慮的是價格，其次就是服務。60％受訪者表示，零售業者若想確保消費者的忠誠，交貨速度是關鍵因素，另外有一半受訪者最重視簡便易行的付款選擇。

整體來說，我們發現這群基礎顧客最在意的是低摩擦的購物過程，其他都是次要的。他們想要在渴望產品的時候，能夠以最快的速度和最少的麻煩取得。

通訊技術的進步推升人們的期望，這種現象成為普遍的模式，隨之而來的是消費者十分關切高速度、低摩擦的互動。當市場上只有「快馬郵遞」（Pony Express），以快馬接力傳遞、提供短短十日內橫跨北美大陸的送件服務時，這項創舉就

非常驚豔。但誰想得到，快馬郵遞上路一年半之後，就被跨越大陸的「電報」超越了。新的標竿一旦確立，其他東西都會被拿來和它做比較。

如今我們已經可以在彈指間觸及所有事物，許多產品和服務以前唯有透過實體介面才能得到，譬如電子書本、新聞、音樂、電影、遊戲等，現在都能瞬間取得。即使是購買實體產品，如果你住在亞馬遜公司某個發貨倉庫附近，剛好他們也有庫存，照樣可能在短短兩個小時內收到訂購的產品，這也難怪大家的期望跟著提高了。

話又說回來，企業或組織可以怎麼因應呢？

答案回到水石書店的故事：組織必須認清，身在組織外緣最接近顧客的員工，往往能掌握最新情報。

復活蛋

2015年業界最崇高的社群媒體通訊獎（Social Media Communications Award, the Grand Prix）頒給了利多連鎖超市（LIDL）和社群媒體行銷公司庫巴卡（Cubaka）。評審很欣

賞利多超市，因為該公司以非常快的速度將社群情報轉化成商品決策。

　　他們的故事如下：2015年3月25日，「一世代樂團」（One Direction）的成員馬利克（Zayn Malik）退團，全世界的青少年粉絲深受打擊。對利多超市來說，這件事來得太不巧了，因為他們剛剛推出一系列的「一世代復活蛋」產品，本來聲勢很旺。這家超市是德國的折扣日用品店，2015年才剛剛進入許多英國購物者的視線範圍內。儘管利多超市早在1994年就已打進英國，可是過了很久才慢慢被更多中產階級消費者認同，能與本地的大超市相提並論。在大家的印象裡，利多超市並沒有販售大品牌的產品。

　　馬利克退團的新聞是利多超市僱用的社群媒體行銷公司庫巴卡通報的。監控社群頻道的負責人將馬利克的新聞傳回給利多的商品主管，後者決定要正面回應這則新聞，立刻打出8折優惠。反正既然樂團的1／5成員離開了，不如也把產品售價折1／5。

　　這道指令傳回社群媒體行銷公司，對方發了一則推特貼文，用完美的語氣撫慰全國心碎的一世代樂團粉絲。那則新聞

在推特上像病毒一樣快速瘋傳，吸引大票粉絲衝進利多超市，在粉絲眼中，馬利克退團一事完全無損一世代這個品牌。

令社群媒體通訊獎的評審（我正是其中之一）讚歎不已的是，從社群媒體獲得情報到超市做出重大商品決策這整個過程，竟然只花了20分鐘。

兩年之後，我遇到另一家大型超市的一位董事，我問她有沒有辦法複製利多超市的這項成就？即使事隔兩年，這位董事的答案仍然是辦不到。那樣的決策勢必要經過重重管理階層的核准，她估計自家公司若要做出類似的回應，應該需要花上幾天的工夫，而不是幾十分鐘。

傾聽與行動

利多超市和水石書店之所以成功，是因為貼近市場的人員有權力針對自己所發現的情報採取因應行動。把權力授予位在組織外緣的人員，他們本來就離市場現實更近，按理說這種作法是改善營運責任的最佳解決方案。不過組織需要多重的配合，以確保人員感到被賦予決定的權力，知道只要在事先協調

好的程度之內，自己即使犯錯也沒有關係。這種作法還需要監督，萬一有人越權，他們本身和組織都可以一目瞭然。

這一切都需要時間、思考和投資，好處是這些成本只占替代方案的一小部分。所謂替代方案就是資訊加速流過組織，抵達已經被授予決策權的人手上。

通常組織是從大手筆投資技術著手，也就是提升商業情報或分析系統方面的技術。而支持這項投資的，多半是某項宏大的計畫，目的是統一並整理組織的資料，彙整成單一的「資料湖」或「資訊倉庫」。這類計畫能夠創造價值，為了組織好，每一個領導人都應該被賦予使用良好分析工具的權力。然而這些主要是策略工具，而不是促成迅速戰略反應的工具，這兩個目標常常被搞混了。之所以會這樣，部分原因是領導人不願意放鬆控制，另一部分原因則是人類渴望秩序的天性。組織裡的資訊永遠都是龐雜不堪，想要好好整理資訊的反應本來就很自然，何況我們還相信建立秩序之後會創造價值，這樣才能對先前的投資有所交代。然而整理大型組織的資料是需要耗費一輩子的工作，如果非要等到整理好再從中獲取價值，這家企業早就倒閉了。

把權力推到組織外緣比加速反應時間更有效率。獲得權力者因此更有目標和責任感，對工作會更投入，順利的話，他們會覺得自己也對組織的成功有貢獻。此外，這種作法也降低了組織中不必要的溝通，剔除雜訊，以免真正重要的訊號遭到淹沒。它還能減少控制權過度集中的偏頗現象，這是長久以來許多大型公家機關和私營組織的問題。分權是做好未來準備的組織應有的重要特質，我將在第十四章進一步討論。

讓業務員做買賣

最後我要用一項個案研究來總結本章。有一次我和一家規模非常大的工程公司合作，對方替世界各地的大型製造工廠製作零件。那次的工作坊上，我們開始討論分權的概念時，有位女職員提出一項議題，是公司最近發現並已著手解決的議題。她奉命精簡賒銷的核准流程，在檢討整個狀況時，她發現核准顧客能否賒借的門檻，是平均訂單金額的一定比率。這名女職員猜測，以往大概發生過某個顧客提高信用額度，之後卻無力還款的事，所以此後公司便對業務員的自主授信額度定下非常

保守的限制。這樣的結果是每一筆訂單的賒銷與否，都需要獲得上級授權，造成業務上龐大的行政作業塞車，進而減慢公司回應顧客的時間。

答案很簡單：提高核銷門檻就對了。這麼做肯定能改善流程，不過如果只是削減需要給予核准的數量，效果想必不會太明顯。雖然這名女職員得到提高門檻的許可，但是金額低於平均值很多的訂單，公司也准許她視情況對顧客授信。沒有想到效果竟然出奇的好，忽然間，業務員能夠更迅速回應比率很高的訂單，改善服務，加速成交。他們的時間較少浪費在行政作業上，可以更專注維護顧客關係。至於財務部和其他部門行政人員的時間也得以釋放出來，大家把焦點放在未來，而不是過去，包括從事其他的流程改革。

在價值億萬美元的多國企業內部，這樣的個案聽起來應該太過單純了，不像是真的。然而這種情況卻異常普遍，為數眾多。那次之後才過了幾天，我又聽到類似的故事：某倉儲公司的人員想要請假，必須有四、五位上級簽名同意才能准假。一般組織盛行權力高度集中的文化，對放權和下放責任的態度真的很保守，其實最清楚如何運用權責來服務顧客，發揮最高價

值的人，應該被組織授予相應的權責才對。

　　為了打造適合未來的運動型組織，我們必須正視這種文化，並且動手改變這樣的文化。

第12章

策略意識：掀開眼罩

下一件大事是什麼？什麼事會讓你們公司再發大財？什麼事會讓你的組織一敗塗地？它將從何而來？距離還有多遠？

在高頻變革的時代，最後一題的答案很可能「比你想得更接近」。我已經說過，如今新點子、產品、服務以更快的速度擴及全世界，很多時候它們的開發週期也縮短了。現在不管是要建立公部門的服務、疾病療法或消費性產品，倚賴的基礎都是發達的網路，透過網路各種知識與現貨零件莫不廣泛易得。雖然創新仍有阻礙，譬如融資、法規、文化接受度，可是基本上我們現在必須能夠在更短的時程內，為自己產業部門內正在發生的重大變革做好因應計畫。

可惜這一項任務，所有組織都做得不如人意。誠如我在前面章節所提到的，大多數短期規劃都執行失當，幾乎完全只拿某種「照常營業」的版本做基礎。至於長期規劃可能良好，但只靠它並不足以察覺即將來臨的挑戰，因為大部分預測技術顯然都聚焦在第三條水平線上，也就是遠在二十年後的未來。

所以答案究竟是什麼？

運動型組織需要有足以應付未來的預警技術，而且可以常常重複使用，意思就是不能耗費太多時間或資源。這樣的技術

不必完整無瑕，反正幾個月後，同樣的流程又要再重來一遍。等到情況變得比較明朗，或是威脅、機會變得比較真實的時候，第一次遺漏或缺失的地方便會浮現出來。

我採用的技術非常簡單，我稱之為「交會點」（intersection），因為它的設計宗旨就是辨識兩樣東西的交會點：第一是讓組織與生活改頭換面的大趨勢，第二是這些趨勢可能會造成最大影響的現有壓力點。

壓力點

每天上班什麼最令你感到沮喪？什麼事讓你不再努力衝刺生產力？去問問看你的同事，他們大概會給一籮筐的答案。這算是一種淨化練習，非常有價值。如果想要了解由科技推動的重大趨勢如何影響組織，最先要問的就是這兩個問題。

問問不同部門的同事，然後彙整答案，就會得到一張組織弱點的清單。這些弱點正是即將到來的新趨勢可能施加壓力之處，也就是競爭者可能開始發動挑戰的地方，顧客將會為了這些弱點而拋棄你們，而組織的員工或好夥伴也可能因為這些問

題轉身離去。

把問題從個人的範疇延伸出去，問問看大家認為什麼因素將會造成自己團隊或部門的表現不如從前？就那個程度來說，他們面臨的最大議題是什麼？接著問問看，他們對組織整體的看法如何？最大的弱點是什麼？如果你膽子夠大，不妨問問他們對組織其他職能部門的看法，但是問到答案之後，請保守祕密，不要外洩。

將那些關於業務的回答，拿來比對媒體和分析師對你們組織所屬產業部門的說法，有些議題不是你們組織獨有的，而是所有產業部門裡人人都將面對的問題。你同事的回答大多會落在「內部壓力點」上，可能在同業組織中相當普遍，但並不是結構性的。常見的例子譬如技術、流程、內部溝通等方面的失敗，有時候三者同時存在。舉例來說，我的一家客戶公司有位低階行政人員告訴我，他們的文化是「追逐的文化」，那一刻我發現該公司核心出了嚴重問題。這位行政人員說：「我一定要打電話追蹤，事情才能搞定。」我心如明鏡，這家公司過去在支持營運的流程和技術上所做的一切投資，全都丟到水裡了。

有時候內部壓力事關基礎建設。有一個客戶的成本基礎

和長期租賃倉儲空間與車隊有密切關係，後來他們需要的車輛尺寸有了改變，而公司新啟用的軟體系統，目標是削減所需的倉儲空間。這是巨大的壓力點，雖然不見得是該公司獨有的問題，但也不算是整個產業共通的議題。

反觀媒體和分析師所討論的共通議題則是「外部壓力點」，也就是人人都正面臨的結構性議題，需要有適用於整個產業的解決方案，或是某種原創的因應方式。舉個例子，利率或貿易關稅可能會影響同一個產業的全部業者；公共部門共通的問題可能是預算緊縮或人口老化；特定補給線可能遭受到原物料供應減少或氣候變遷的挑戰。

把你的研究結果彙整出兩張清單：一張是內部壓力點，另一張是外部壓力點。這個工作聽起來很冗長，其實只要練習一下，很快就可以做完。設計一封格式化的電子郵件問卷，隨機寄給組織的不同部門，每半年寄一次，如此一來，同一時間應該只需處理20到30份回函。不要企圖同時調查整個組織的意見，因為你永遠處理不完所有數據，下場就是整個練習計畫停滯不動。如果組織內部缺乏可用的意見調查工具，不妨到外面找找看，坊間有非常多低成本的選擇，像是SurveyMonkey，可

以幫你迅速建立問卷格式，蒐集答案。

　　探索產業媒體獲得重大議題的訊息，是需要學習的技巧。如果你們公司還沒有訂閱產業雜誌或網站，趕快訂兩、三份吧，否則至少也要定期瀏覽這些雜誌的電子週報。把那些一再出現的議題寫下來，這樣你還沒有發問卷，也能大概掌握外部壓力點了。這麼做也能引導你進一步尋找相關的分析報告，必要時它們會提供關於那些議題更深入的資訊。分析報告可能頗為昂貴，除非你訂閱特定分析公司的產品，否則一般來說每份要價數千英鎊，所以值得仔細挑選一下。

　　等你練習過幾次，這一套壓力點資料蒐集流程做下來，應該頂多只需要兩個小時。

大趨勢

　　技術是當前變革最大的推動力。傳統企業思想家認為變革推動力可粗分為幾類因素：政治、經濟、社會、技術、法律、環境，而技術是當中唯一兼具不斷高速運行而且效果持續的一種。雖然經濟有興衰起落，法律可以立了再改，但是技術一旦

發明了，就不可能再「取消發明」。正因為如此，客戶老是對我說，技術問題總是在他們的策略議題清單上位居榜首。哪怕英國百姓才公民投票決定脫離歐洲，幾天之後，我的一個名列全球五百大企業的德國客戶就告訴我，在他們公司的策略議題清單上，技術依然雄踞第一名寶座，遠比脫歐可能發生的關稅或貿易挑戰更令他們關切。即使是氣候變遷所構成的風險，目前也被技術變革與威脅擠下榜首的位置。從人道角度來看，也許不是正確的焦點，但卻是最普遍的項目。

在眺望不久的將來時，我會把焦點鎖在技術所推動的變革上，這就是理由。並不是說其他推力不重要，但是它們應該早已是你捕捉到的外部壓力點了。技術或許不一定是變革的最大推動力：未來二十年內，環境的因素恐怕會大幅躍升，採取捍衛環境的行動，很可能被視為更急迫的事項。請注意，對某些地理區和某些組織而言，這很可能已經是現況了，每個人的未來都獨一無二，而塑造那個未來的當務之急也各自不同。這是關於未來主義的重要提示：你不太會嘗試去預測「世界的未來」，你關心的都是「你自己的未來」。

我把焦點放在五項重大趨勢上，它們全都受到技術的潤滑

效果支持：

- 變革

- 選擇

- 權力

- 速度

- 型態

變革

第一項效果就是本書的主題：高頻變革。高頻變革不見得在你的「交會點」分析中占一席之地，可是這樣就更有理由好好練習一番。如果你是以小組的身分從事上述練習流程，有一點值得你提醒其他成員：這件事為什麼很重要，還有這股急迫感背後是什麼推動力造成的？

選擇

選擇羅盤

　　進入每一個市場的障礙都因為技術而降低了，這意謂挑戰不太可能來自於傳統模式。當你考慮不久的將來會出現什麼威脅和機會時，必須朝四面八方探索。為了幫助大家思考，我運用一個簡單的模型「選擇羅盤」來說明，不過你也可以稱它作「競爭羅盤」，因為威脅來自所有方向：你的顧客可能想要自己幹；你的合夥對象可能想打造競爭產品；大型技術平台可能侵入你的市場空間，或是使別人能夠這麼做。最糟的情況是這些不同的變數不約而同現身。我們都已親眼目睹大型技術平

台給了中國製造商接觸國際市場的機會，直接跳過中間的零售商，導致遠比第一次網路泡沫時期更嚴峻的後果。再看看網路民宿租借平台Airbnb，竟然能把旅館的顧客變成旅館的競爭者。從比較正面的角度來看，供應鏈中可能有更多你原先沒想到的選項，出現更多針對顧客的溝通頻道。你可以在選擇羅盤上，將這些協調合作和潛在競爭者全部標示出來。

權力

技術增進人類的能力，包含生理能力和認知能力。和過去相比，現在即使人力短缺卻能完成更多工作，一些頂尖公司的生產力更是驚人，從歷史的標準來看簡直難以置信。蘋果和Visa公司每個員工可以創造一百多萬美元的營收。動力服增強人類的力量，保護在倉庫和工地的工人不受傷害，目前只要幾千美元就能買得到。砌磚機器人的生產力是真人的三倍，而這些都還沒有把機器學習與人工智慧的衝擊算進去。相對簡單的工作場所採行自動化，也開始消滅許多領域對低階員工的需求，包括法律事務、會計、顧客服務等等。對任何勉強維持獲

利、效率、生產力的組織來說，這些都要列入重要考量。就算
你不做，別人也肯定會做，自動化不僅比較便宜，而且不久後
品質也會變得越來越好。

速度

上一章過，顧客對服務的期望提高了，但這只是廣泛趨
勢的一部分，整體來說，大眾對於組織吸收資訊、回應這些資
訊的速度，期望也越來越高。24小時全天候持續不斷的新聞媒
體、社群網路，以及無遠弗屆的網路交易，都扮演了一部分的
推手角色。對於當下正在發生的事情，組織在運作上和策略上
都需要能夠立即處理，然後快速反應。如果做不到，將會遭到
輿論或市場的懲罰。

型態

低摩擦通訊容許我們改變組織的型態。首先，大家對工作
外包的興趣越來越大，假如兩家企業之間的摩擦度低，而其中

之一的地理位置很偏遠，何不將服務搬到經營成本最低廉的地方執行呢？其次，遠端工作和在家工作蔚為流行，如果員工不管何時何地都能工作，又有什麼必要把他們綁在辦公桌前呢？最近我們看見越來越多自由執業者受雇，他們構成了一支大軍，組織有需要時可以透過數位通路如oDesk和Fiverr找到人手，請他們效力。這項趨勢的最新型態側重技術而非人員：如果別人能替你建立經營企業所需的組件，何必自己辛辛苦苦建立呢？你大可從一堆來源找到許多數位建構組件，然後組裝一個運作無礙的企業。這點第十四章會再細談。

嶄新的眼光

在你為自己的交會點分析做準備時，有一件事情很重要，就是閱讀關於這些領域的論述，或是引進擁有外部專業知識的人才。讀剪報、看影片、挖掘你平常不會接觸的新聞來源，了解相鄰產業或其他國家的人在做什麼。打開你的心靈，看看這些趨勢會如何影響你。

這正是我把這一章的標題叫做「掀開眼罩」的原因。依

照我的經驗，在組織裡，很快就會有眼罩落在你的臉上，然後你就會對世界上其他地方正在發生的事情茫然失察。碰到新觀念、新可能性的挑戰時，帶著眼罩的人容易給出這樣的答案：「那個在這裡行不通」，或是「這家公司不一樣」。這些說法從來都不是真的，大趨勢遲早會影響每一個產業部門的每一個組織，從慈善機構到全球公司，從大學到政府單位，無一不受影響。

如果你覺得自己還沒準備好摘下眼罩，那就找別人來幫忙。找幾位有嶄新眼光的人，不同產業部門的人，行銷公司或管理顧問公司的人，也許是你的會計師，甚至是律師。如果找得到未來學家，那就聘請一位。你找的人手不要千篇一律，最好換一換，重要的是多元觀點，組織的參與者也是背景越多元越好。「交會點」分析技術最好是小組練習，組員最好能貢獻不同的觀點，所以你可以篩選不同年齡、年資、角色、性別、種族、文化的人一起討論，切記不要永遠都找同一批人。

來源、打擊、本質

有很多方法可以利用大趨勢來比對你找到的壓力點，不過我發現最簡單的方法是這幾個：

- **來源**：從選擇羅盤上可能的競爭者當中挑選一個。
- **打擊**：挑一個看起來挑戰性最高的壓力點。
- **本質**：以某一個大趨勢做基礎，考量某項挑戰可能的樣貌；這項挑戰來自你已經挑選出來的競爭者，實際落在你找出來的壓力點上。

這套辦法會讓你思考先前沒有考慮過的風險和機會。來源不一定是競爭者，也可以想成潛在的供應商或合夥人，他們能夠如何協助減輕你正面臨的壓力點。

這條途徑通常用來呈現已經很明顯的問題和機會，而不是用來發掘問題或機會。一旦演練兩次之後，這項流程就會變得很自然，你會曉得怎樣開始連結壓力點與大趨勢之間散落的星星點點。唯一的問題是，你要拿它們來做什麼？

第13章

加速決策

組織可以加快資訊流在企業中流通，

或是將權力推到外緣。

　　19世紀下半葉，普魯士陸軍元帥毛奇（Helmuth Karl Bernhard Graf von Moltke）在軍中扮演智囊的角色，時間長達近三十年。毛奇多才多藝，他寫小說、旅遊書、歷史書，翻譯別人的作品（他懂七種語言），還會畫畫。毛奇的這些成就和他的軍旅生涯一樣可圈可點，因此獲頒伯爵勳位，晉身國會議員，還有一座橋以毛奇為名，彰顯他的榮耀。

　　毛奇從軍期間寫過策略（strategy，可譯為策略和戰略）方面的文章，留下兩句非常有名的話。第一句經常被闡釋為：「任何計畫在迎敵時都不能維持不變。」第二句則是：「策略是有系統的權宜之計。」

　　讀過第二句話的完整版，會更明白他的意思：「策略是有系統的權宜之計；不僅是一門學科。它是化知識為實際生活的轉譯過程，視不斷改變的情況，對最初的主導思想進行改善。」

　　在我聽來，毛奇正是早期提倡靈活思考的人物。他的意思是，不論謀劃得再週延、準備得再充份，任何策略都無法完全決定未來的行動，只能傳達主事者的意圖。你必須要時時刻刻根據當下的現實情況，調整行動計畫。在如今的高頻變革環境

下，這個觀念聽起來無比貼切。

　　毛奇的話支持前兩章的論述：我們需要更了解組織運作的環境，保持親近顧客、合夥人和其他利害關係人，並且主動接收訊號，以期確立行為方針。我們還需要確保擁有可靠的工具，才能夠持續不斷重新評估未來的方向。毛奇的話也清楚點出，光是仔細傾聽還不夠，我們需要能針對自己所聽到的內容採取行動，而且速度要快。

　　第十一章曾提及把決策推到組織外緣，可是有時候你必須引領整個組織，而從邊緣去做這件事是很困難的。即使這個組織像我們下一章要講的，屬於合宜的運動型結構，也需要在核心部分擁有創意、策略的實力。

　　不論這股實力是什麼型式，屬於個人或是群體，組織都需要三樣東西：

- **資訊**：需要有關於組織狀態與運作的明確、可靠、豐富的資訊，盡可能新鮮和未經斧鑿，目標是獲得即時資訊。

- **文化**：需要預期組織將更常採取激進行動，並有意願做出激進的決定，而且獲得股東和組織文化的支持。

- **溝通**：需要有清楚溝通決策的方法，使同事、顧客、合夥人、股東得到明確的決策訊息。

資訊

人類天性喜歡把事物分門別類。光看我家小孩的臥室或我的工作室，也許看不出這一點，不過我們真的是喜歡秩序的物種。我們喜歡分類和排序，有時候這樣的練習很有價值，因為可以經由它了解世界；有時候這麼做純粹是拒絕承認挫敗：我們永無止境的分類，目的是追尋一種自己也不真正了解的模式。

許多組織與其領導人受到「大數據」觀念的誘惑，說起來倒不如說是某些科技業者強力推銷的大數據版本誘惑他們。這些業者傳遞的訊息是大型資料庫本身就有的高價值，只要能夠蒐集到充足的規模，然後以適當的分析方法加以分門別類，就有厚利可圖。

依照我的經驗，現實狀況多半不是這樣。大多數時候，數據的價值始於提問，而非累積無窮盡的可能答案。大數據計畫

太常屈就人們想要替世界找秩序的先天欲望，而不是被用來弄清楚：這項數據可以正確回答什麼樣的問題，那些答案可能帶來什麼樣的價值。

運動型組織的領導人不需要擁有龐大無比的資料湖，這些除了礙手礙腳，還有隨之而來的數據保護、管理、使用等種種法規限制。運動型組織的領導人需要的是能夠回答營運問題的工具，這裡指的工具不僅是技術──雖然說軟體工具和硬體確實扮演賦予領導人力量的重要角色──還包括好奇心，以及學習建構正確問題的技巧，必要時還要增加資源，以取得回答問題所需的數據。

我看過很多組織投下鉅資彙集並整理數據，可是組織成員嚴重欠缺技能，根本不足以使用那些數據。大家應該把順序顛倒過來：先教導員工怎樣提出好問題，再給他們找答案的工具。做到這一步之後，才能開始彙整所需要的數據。一點一點做，一個問題接著一個問題，但是必須在前後一貫的架構之下進行。如此一來，你才會經由這項練習落實短期成果，同時創造長期資源。

文化

關於變革文化的論述已經汗牛充棟，然而它們的水準鮮少超越專業社交平台領英（LinkedIn）刊登的貼文那樣睿智、深刻。你如何在組織內建立並維持基本上不確定、也不斷改變的文化？可能做得到嗎？那樣的組織文化是組織成員想要的嗎？

我不曉得究竟可不可能，至少我不認為整個組織可以運作成那個樣子，大型組織肯定不行。想想看持續不斷引領一整個組織朝新方向前進，所產生的溝通費用會有多高？再想想看舉辦大規模改革活動時，耗費在顧問、工作坊、反饋討論會的時間會有多少？如果你企圖在組織上上下下執行那種大規模的溝通，加上改革可能帶來的其他破壞，而且還是時時刻刻在發生，預料結果將是迅速摧毀組織，並給員工製造嚴重的心理健康問題。

下一章我會闡釋，運動型組織是較小型組織集合而成的網絡。我們不是要在整個企業上下樹立變革的文化，而是需要為變革調整企業的結構，確保領導人擁有靈活的工具，在時機來臨時推動那項變革。

這麼做並不是消弭變革文化的需求，但確實會限制它的範

圍。和單一的泛組織文化不同，下一章要講的網絡模型，是在相同的大架構底下，包容許多不同的文化，只有領導階層及主要利害關係人，才應該被視為必須迅速做決策的推手。

不過這些利害關係人的角色將會是關鍵。董事會往往是激進變革的天敵，上市公司尤其嚴重，因為上市公司行之已久的商業模式就是不斷創造利潤，現在卻來了一個大膽的執行長，主張要進行全面改革。儘管公司仍然賺錢，但若是等到無可避免的衰退降臨，很可能就太遲了。誠如前文所指出的，我們需要確立公司究竟要短期利潤或長治久安，唯有領導階層和主要利害關係人共同秉持眼光長遠的管家文化（culture of stewardship），這個組織才能成為真正的運動型組織。

溝通

非常多策略敗在溝通，就像第八章討論的，許多策略性決定根本只是年度預算，更別說要納入必須執行決策的員工了。

最近幾年「說故事的力量」大行其道，《富比士雜誌》（*Forbes*）的撰稿人和TEDx的演講者最喜歡這個題目。任何風

行一時的事物往往有個共通點，那就是風潮的核心的確存在基礎事實。說故事的基礎事實正是敘事結構，影響著人們對故事的反應方式。對於想要更迅速引導組織方向的領導人來說，了解基本的敘事型態，並確保策略溝通上包含故事元素，已成為越來越重要的技能了。

　　我的事業生涯有很大一部分花在說故事上。我在學校念的是機械電子工程（機械與電子工程學，外加一些電腦和管理），第一個雇主是專為科技公司服務的行銷顧問公司。我的老闆們不久就明白了，我能用工程術語和工程師對話，也能用商場人士了解的形式寫作，於是我成了技術人員、業務員和顧客之間的翻譯，把資訊拿來轉譯成可以販售的故事。

　　編一則故事時，首要之務是考慮閱聽人，所有你可能講述的對象都要考慮進去：股東、利害關係人、員工、合夥人、顧客，而他們心中各有不同輕重緩急的顧慮。每一則故事都需要為那個對象量身打造，顧及對方的需求和恐懼。很多人連這個基本步驟都遺漏了，編故事時只聚焦在股東身上，不然就是滿嘴術語，只有業內同儕聽得懂。

　　其次要注意的是敘事形式：故事的來龍去脈、可能的危

險、解決對策。你要說明組織當前的處境，為何需要採取動作，那項動作將是何種樣貌。提出解決對策時，關鍵是描述它的衝擊，並思考聽你講話的聽眾將如何受到影響？他們在解決對策中將扮演什麼角色？這些事情很簡單，卻經常被忽略。有力的故事是確保策略性決定快速展開行動的重要方法。

分散式創新

分散式創新理論的基礎，主要是了解到未來某一刻將會需要激烈的變革，而事實上頻率會越來越高。但有些組織採取不同的手法，也許是互補的方式，企圖保證變革真正綿延不絕。我所合作過的組織當中，很少擁有全體一致採用的創新流程，大部分組織能夠開發新產品和新服務，或是偶爾在偏狹的職能中進行改善，可是總體來說，和全方位思考創新的作法截然不同。

英國布羅姆佛德（Bromford）住房協會卻例外。這個協會有一個全職創新團隊，在組織上上下下蒐集新點子，然後不斷研發原型、進行測試，再激發出新的點子。最重要的是，組織

中檢討價值個案與原型成敗的人，和從事開發的人是互相獨立的，這麼做容許組織針對每一項專案進行更積極與持續的價值評估。拜董事會的支持所賜，該協會持續撥發小額資金，讓這項工作能夠一直做下去。

布羅姆佛德還沒有完全避免激烈變革的需求，它已經在很短的時間內經歷過兩次合併，變成更大型的組織。然而這個協會的文化和持續變革的實務，應該會盡可能降低風險，讓組織不至於因為未來的技術、流程或結構的因素，發生無法避免的激烈變革。

第**14**章
為行動打造強健體質

時值耶誕佳節，你家小孩正迷戀法拉利跑車，收到什麼玩具會讓他最開心？是法拉利Enzo款或Testarossa款的金屬模型？還是同款式的樂高積木？

金屬模型車最能完美呈現孩子癡迷的真實版本，可以說是最理想的，因為它就像真的車子一樣，線條優美無比。問題是，小孩子喜新厭舊，他們的喜好不會長久，而那輛金屬模型車呢？嗯，它已經定型，不能再改變了。

反觀樂高積木汽車一點都不理想，整個表面都是疙瘩，永遠無法完美呈現孩子所愛的車款。然而它有一個很大的優點，等孩子玩膩了玩具車，就可以把它拆掉重組，變成飛龍、恐龍、獨角獸或太空船。

我不是在幫樂高打廣告，這只是現代商業模式的一個比喻，因為我認為過去一百年來，人們一直在學習如何將企業打造成金屬模型車的模樣。可是未來短短幾年內，我們必須學習把企業打造成像樂高積木具有「可塑性」的樣子才對。

適應VS.優化

上述金屬汽車模型主要描述的是「最理想」的狀態，它企圖呈現真實版的汽車，堪稱完美的代表。我在第八章說過，大部分企業理論和實務都是關於優化，關於把我們正在做的事情做得更好，而所謂的更好通常意謂更便宜、更快速、更少浪費，最終目標就是更多利潤。如果你的商業模式可能維繫數十年之久，把優化列為領導工作的核心目標，自然合情合理。然而在商業模式的壽命可能只有短短幾個月的這個時代，只顧優化就比較不合時宜了。

如果不求優化，那有什麼替代方案呢？答案是把企業打造得更有適應力，用樂高積木而不是用壓鑄鋼材來建造企業。這麼做等於接受一時不怎麼完美的成本，以換取更持久的成功，而非選擇利潤雖然比較高，但是壽命卻短許多的方法。

不要講話

大概是2002年吧，亞馬遜公司創辦人兼執行長貝佐斯（Jeff Bezos）發了一份備忘錄給員工。事實上，根據員工葉格

（Steve Yegge）的說法，那是一道「命令」，而且這種事已經發生過很多次。葉格本來在亞馬遜公司擔任工程師，後來跳槽到Google，2018年因為離開Google時批評公司創新不力，被媒體大幅報導。其實葉格早就惡名昭彰，他第一次出名是2011年公開發布自己的吐槽備忘錄，比較這兩家科技巨人的長處與缺點。本來他只打算給Google的同事看，可是葉格使用自己不熟悉的Google+社群網絡時，意外公開了內容。他在貼文中提到貝佐斯以前寫的那張備忘錄。

貝佐斯在管理上是出了名的事必躬親，不過這道命令之所以引人注目，是因為葉格說它「那麼詭異，那麼龐大，沉悶得讓人目瞪口呆」。備忘錄的內容很技術性，不過我可以做個摘要，一言以蔽之就是：「不要和別人講話。」

在典型的大組織中，很多工作是靠人與人互動完成的，有些是單方面你說我聽，有些是雙向對話。有時候這些透過電話或電子郵件的對話非常重要，它們是創意、關係、合作的來源，不過也有缺點，建立在人際關係上的流程往往不夠透明，欠缺一致性，也很難維持。最重要的是，靠人際關係建立的流程沒有彈性，它們是上述金屬模型的基礎，而貝佐斯最想要的

似乎是「彈性」。

貝佐斯要求企業裡的每一個職能部門都要包覆一層軟體，各部門的所作所為必須透過軟體傳達給其他所有的人。這些職能部門之間的全部互動都要透過這種軟體進行，不准使用電子郵件、電話或是面對面交談。如此一來，只要寫一小行程式碼，你就能看到任何職能部門（例如財務部或資訊部）提供的服務清單。再下一行指令，你可以找到某個職能部門需要投入什麼，才能獲得成果。只要簡短幾行腳本語言，就能建構職能部門之間的自動化互動。你還能舉一反三，組合不同的職能部門，最後終究會組合出一個完整的企業。

這種軟體介面相當於數位版布滿小疙瘩的樂高玩具。貝佐斯用一張備忘錄，把亞馬遜公司從金屬模型車，變成了一盒樂高積木──儘管隨之而來的是員工多年工作資歷面臨威脅，一旦沒有做好，就可能丟掉工作。

貝佐斯拋出的這項政策，結果促成今日的亞馬遜成為全世界最靈活的公司。假如亞馬遜想推出新服務，只要組合現有的一些積木，然後上面再添一層薄薄的新積木就行了。萬一新服務行不通，只要除掉最上面那一層，其餘的基礎建設依然能支

撐組織的其餘部分。

現在亞馬遜擁有最穩健的收入來源，因為利用貝佐斯備忘錄所創造的積木去製造所需配備的，不僅是亞馬遜母公司，也包括該公司旗下的雲端服務平台亞馬遜網路服務公司（Amazon Web Services）。這家子公司專門精選積木，然後包裝販賣，目前在公有雲運算市場的占有率將近五成，每一季替亞馬遜公司賺進60億美元。各位讀者所使用的網站和應用程式當中，有非常高的比率就是由亞馬遜網路服務公司的基礎設施託管。全球各地公司利用這些服務的方式，和亞馬遜內部其他職能部門運用該服務的方式一模一樣，這些公司可以選取亞馬遜已經打造好的建構組件，然後運用到自己的組織上：這寫幾行、那寫幾行程式碼，你的系統就可以直接和亞馬遜的系統接軌，彷彿自家設計的一般無縫整合。

現在已經有整家企業都利用亞馬遜系統打造的案例，包括大批微型企業，他們構成了亞馬遜的許多物流隊伍。亞馬遜提供個人和小型車隊的軟體建構組件，幫助對方經營自己的企業；只要擁有一台貨車，你就能成為亞馬遜帝國的遠端成員。

摩擦是重點

關鍵重點是摩擦。亞馬遜創造了一種低摩擦的數位方式，以接近所有的職能部門，而不只是傳統面對顧客的服務部門而已。用這種方式組合一家企業，無疑需要負擔費用，不過亞馬遜藉由降低摩擦，將費用壓在可以控管的程度，為了提高組織的適應能力，甘願承擔效率減低的代價。

不是人人都能仿效亞馬遜的作法，也不是人人都能向其他企業提供這種規模的服務。然而建構這種積木式企業的要點，正是不要人人都這麼做。有些企業將是大量積木堆疊的成果，另一些則只有一塊積木。有的組織可能是他人服務的淨消費者（net consumers），有的組織則是淨供應者，重點是我們能夠利用這種方式，快速地組合並重新塑造服務。

這麼說，要怎樣才能將一家既有企業打散成一塊塊積木呢？

把積木當成是「建構組件」或許很有用。每一塊積木都有一個職能兼兩個介面：投入與產出。至於投入多少、產出多少，將取決於你想把職能部門之間的間隔定得多細。有些可能是層次較高的職能：財務、人事、後勤，也可能是更具體的職

能：應收帳款、員工入職、倉儲庫存。關鍵重點不在於各單位內部有什麼東西，而在於各單位的能力怎麼樣透過溝通，釐清清楚，以及服務如何更順利，績效如何做到最透明。

透明度

我剛開始擔任大型組織的顧問時，發現有一件事很可怕，那就是領導高層的透明度竟然那麼差。我發現組織高層有許多人並不真的了解某些關鍵職能部門的績效，他們根本缺乏審視各部門的知識或時間，不然就是沒有適當的標準可以衡量。

從很多方面來看，這個問題早在意料之中。在深度整合（金屬模型）的公司裡，有太多緊密連結的地方需要監督。這項負擔異常沉重，就算要深入檢查，也沒有適合動手的地方。就我的經驗看來，大部分領導人不斷在救火，從一個職能部門的問題跳到另一個職能部門。反觀所謂的網絡模型，也就是積木組合而成的企業，大多數職能部門之間沒有直接關聯，這種較為間接、疏遠的關係促成了兩件事：第一，你必須容許各職能單位擁有更高度的自主權，因為彼此聯繫不深，就需要自給

自足。領導人的職責變成搓合各個組件所提供的服務，或是交辦新的服務，而不是事必躬親管理每一個部門的瑣碎事務。

第二，當你組建網絡模型時，必須設定一些標準，以便追蹤每一個職能單位的績效。在整合型企業裡，這些標準往往被遺漏了，不然就是思慮不周，以致產生不當誘因。典型的例子是採購團隊被價格的誘因打動，而不是該用品帶來的價值，結果是品質低於標準的用品必須更常汰換，最後支出的成本反而更高。令人驚訝的是，這類問題在整合型企業中可能是隱形的，也可能無從追查，因為從書面上看來，涉及此事的職能部門可能會因表現良好逃過監督。如果事涉外包公司，這些問題多半才會受到嚴謹查核，因為委託這類外包合約的流程，自然就會鼓勵律師考慮周詳，避免供應商大鑽圖利的漏洞。

我們無法保證網絡模型的標準比較好，或是衡量得比較準確，但是企業確實有機會在過渡程序中建立較佳的標準設立制度，和外包流程等量齊觀。當你為了建立自己的企業而選取外部積木時，可觀察它們是否有扎實的衡量標準，做為選擇的依據。當你將內部職能部門轉化為新模型時，要替它們包覆一層清楚的介面，這也是絕佳的機會，可以將評估標準制度化，同

時把它們轉化成獲得授權的責任。

艱難的決定

談到目前為止，像積木般靈活的模型都很正面，可是它也有殘酷的一面。有時候新設計已經不需要老積木了，網絡模型的宗旨明顯是為了讓整個組織更有韌性，可是有時候卻意味需要犧牲個別組件。

過去獲得授權的人，本來對整體部門掌握了半自主控制權，此時很可能發現自己被更廣大的組織切割了。然而他們仍有一絲希望：這樣的斷離也許救了主要組織，使其他人的工作更穩固。至於他們這些遭到裁撤的職能部門，因為建構完善，所以能夠移到他處繼續運作。事實上，最成功的職能部門可能早就擁有原始主要組織以外的客戶基礎了。從某個程度來說，因為擁有正確的支持架構，它們的命運也才掌握在自己手裡。

組合積木

　　企業蒐集到的積木可以用很多種方式組合起來，不過我和客戶合力設計了一種模型，在好幾種情況下都證明很有用。這是一款層次模型。

蒐集
處理
連結
呈現

分層示意圖

　　想像一連串同心圓。正中央的是顧客，外面緊緊包覆一圈

介面層，代表顧客與組織溝通的一切方法，經由這樣的溝通方法，形成一套具有共通設計、語言、標準的接觸點。這一層可能完全屬於組織，也可能存在一些合夥對象。

顧客介面外面的是資料層，它是一整套關於顧客、產品、供應商的資訊，由整個企業的每一個職能部門共同分享。再往外一圈是處理層，組織裡所有關鍵職能都在這裡，主要透過資料層互相銜接。職能層再往外是與供應鏈相鄰的外部介面。

那麼領導階層位在哪裡？答案是完全不在這裡面。現在領導階層的角色是設計者和控制者，監督、微調、檢核下一波變革將至的證據。他們很清楚，現在自己手中握有槓桿，可以推動大幅度的改革。

對話難道不寶貴？

上述這種方法最常遭到詬病的一點，是它創造了新塔樓，把來自不同科別的成員分離開來，而不是讓他們齊聚一堂，合力創新與協調。我用一個問題來答覆：你的組織成員多常這麼做？多常花費時間精力，自發性協調合作，改善業務？只有寥

寥可數的組織回答：「我們經常這樣做。」

　　如今普遍的情況是，創造協調合作與創新的空間，成了領導人扮演的角色，他們需要正式規劃這樣的空間，讓員工可以齊聚一堂，共同應付下一波變革。這項任務在網絡模型中進行的難度，不會高於在壓鑄模型中進行。最起碼，改良後的結構加上程度更高的授權，應該會創造出更多用來思考變革的空間與時間。

第 15 章

靈活的相反

我們的政治制度從任何一方面來看都不靈活，我們的公司和公家機關，大致來說也稱不上運動力強。那麼一般個人呢？運動力有多強？現在有一種論調，說世界各地最近興起的民粹主義（populism）可以歸結為拒絕妥協的心態，美國總統川普有廣大的民意基礎，英國有大批選民贊成脫離歐盟，只要看看他們的特質就明白了。民粹運動的支持者跨越了許多不同的世代和社會群體，否則不可能那麼成功。不過美國和英國這兩個陣營的核心，都是一群年紀較長、自覺權力喪失的男人，他們感到世界彷彿已經往前邁進，而自己卻被拋在後頭。他們投票支持川普或脫歐，理由之一正是反抗這種變局。

即使人類天性喜愛新奇事物，但是認知中的許多改變，卻可能威脅人們的地位，動搖他們對世界的理解。很多人可能寧願拒絕改變，努力要回到某種想像中的過去，而不願全力追上未來。變革總是一代接一代降臨，背後推動的可能是經濟因素或社會因素。千禧世代（目前大多已三十幾歲）和他們的後輩行為大異其趣；千禧世代誕生於數位化日漸普遍的世界，他們的父母對那個世界相當陌生。千禧世代成長的過程伴隨數位化促成的快速變革，他們至少適應了噪音環繞，而且必須從雜亂

的噪音中挑選有意義的訊號。千禧世代成長的歲月，是趨勢迅速更迭的年代，每一年商店裡流行的品項更換六次、十次，甚至十二次。流行樂來來去去，他們已經學會如何徜徉在互動式數位點唱機（celestial juckbox）的千萬多首串流歌曲資料庫，在音樂聲中朝生暮死，而不是連續幾個星期沉醉在同一張音樂專輯中。他們在影音分享平台YouTube上專挑時間較短的影片觀看，喜歡短期租賃公寓，這樣做可以避免被套牢，或是懶得解釋他們工作的不安全感。也許過了一代又一代之後，我們終會適應。

這樣的過程將會自然發生，可是組織不會自己改變，政治結構更是巍然不動。

英國的政治權力高度集中，政府稅收和支出的控制權牢牢掌握在中央政府手中，而不是分散到地方上。美國的政治權力較為分散，但依然偏向中央。它們不是網絡模型，政府機關的壓鑄模型本質是很明顯的。在壓力之下，政府機關顯現極為線性的一面，只能以接續方式處理問題。此外，它們和老百姓離得很遙遠，人民因為距離產生挫折心理，是造成公投脫歐和票投川普的另一個因素。

英國中央政府已經開始下放權力，但是若要應付這些挑戰，恐怕還需要花很長一段時間。稅收和支出的權力需要推到城市和地區，然而我們應該說得更清楚，這將會導致有些地區特別幸運，有些地區格外倒楣。儘管有贏家也有輸家，但至少比另一種情況好：核心的僵化決策把整個國家和過去綁死在一起。

話又說回來，本書最重要的焦點是放在比較不古老、能夠應付變革的機構上。不論是公家、民間或第三部門（非政府、非營利），為了適應這種高頻變革的新時代，組織領導人若是有心創造永續成功，而非偏重短期利益，那麼所有的組織都需要改變。

最根本的是，我們需要檢視組織是如何建構的。我絕不相信那些流程問題重重，只靠少數幾個人拚死拚活、全體抱成一大團的石柱式企業，是未來能夠長治久安的模型。我們需要把組織改造成半自主單位構成的網絡，下放權力和控制權，包括給各單位一定程度的權力，讓他們決定自己的命運。不要再假裝了，我們根本無法在幾百、幾千人的組織中，維持全體奉行的單一公司文化。只要顧客經驗達到一致性，我甚至不確定單一公司文化是不是理想的目標。

歡迎光臨快時代！

　　明日的成功企業將是組件配對鬆散的網絡，有些是內部自營，有些是外包業務，透過低摩擦、數位化的介面彼此接洽。這些組織的核心將是策略思想家和營運專家組成的團隊，他們將會協調不同組件，時時對下一波趨勢保持警覺。

PART
3

人的反應

第**16**章
迎接快時代

有一段時間，我經常和電視節目主持人洛維喬（Tim Lovejoy）聊天。一開始是我去參加他主持的週末雜誌性節目《週日早午餐》（Sunday Brunch），後來慢慢變成和他本人搭檔主持，節目經常邀請許多名流嘉賓參與對話，內容多半是討論未來、工作、宗教、氣候變遷等等。有一次我在曼徹斯特主辦一場活動，擔任主持人的洛維喬也來了，活動之後移師到當地的酒吧繼續聊，我還在他的線上廣播中獻聲。當時聊的某一個主題，後來也變成我持續關切的主題，很多場演講的觀眾提問和餐會演說都以它為基礎，那就是：未來我們會做什麼工作？

這項問題有一部分來自高頻變革現實的刺激，特別是該現實將會對職業生活產生什麼影響。現在人們普遍接受，一輩子只做一份工作早已成為歷史，事實上是非常久遠的歷史，以至於我還得向年輕讀者（1990年之後出生者）解釋，以前的人往往一輩子只有一個雇主，多年工作可以累積一筆可觀的退休金。在這個平均每份工作只維持五年的世界裡，聽起來是挺奇怪的。

高頻變革更進一步威脅到那樣短的年限，萬一你是在沒做

好準備的組織裡工作，問題就更大了。沒有預料到的趨勢變動也許會傷害到你任職的公司，最終倒閉收場。你本來擔任的職務可能因為技術變革而過時，使得你需要接受再訓練，比過去更頻繁轉換新職務。

這些效應不會同時打擊每一個產業部門或每一個組織，可是所有人確實將會需要更常換新職務，這又構成了第二項威脅：如果員工為每一個雇主工作的時間平均少於五年，那麼雇主又怎麼願意投資在員工身上呢？

一份「職業」的意義遠超過工作本身，它是雇主和員工之間的契約，不僅是財務契約，也是社會契約。為了回報員工的投入，雇主開發他們的職務角色，透過提供退休金的方式，幫助員工為未來做好準備。至少從前職業的意義是這樣的。然而根據政府公布的數字，如今有超過1／3的雇主不會提供員工訓練或發展的機會。

性愛與關係

　　過去幾年雇主與員工之間的感情連結普遍鬆弛了。零工時（zero-hour）契約[3]日益增加，對優步（Uber）駕駛和其他「兼職經濟」工作者的「自雇」性質帶來挑戰，這些從業人員被要求表現組織員工的行為，卻不受法律的保護。即使有政策干預，或是法律介入，企圖減緩其推進速度，但是這項趨勢依然不太可能逆轉。當一家企業察覺到可能必須快速改變方向時，員工就正好代表著風險，也代表人事成本此時將高於外聘自由業者。一旦任何職務的長期需求變得不確定時，公司會竭盡所能降低自己所承受的成本和風險。

　　長遠來看這可能有反作用，因為雇主總是需要員工努力追求成功，願意為企業多盡一份心力，對吧？針對某些職務的員工，這種說法是對的，可是現在有很多職務，人力只是暫時占缺，未來必然會被機器人取代。除非逼不得已，否則很難看到雇主願意選擇投資這些崗位上的員工。

3　係指勞雇雙方並未在簽約時訂定最低工時；雇主可根據公司需求安排工作，勞工「可彈性」接受公司指派，只在有工作要求時工作，隨叫隨到，按實際工作時間或產出數量獲得薪酬。「零工時合約」下的勞工大都沒有長期固定聘用工的津貼、獎金或帶薪病假，也沒有裁員津貼或養老金。

最近有人這樣形容給我聽：公司對性愛的興趣大於關係，他們想從員工身上得到立即滿足，而不是以共同價值觀和互相尊重為基礎，建立長期的夥伴關係。

機器人崛起

第四章提到過，在整部演化歷史中（至少可追溯到三百五十萬年前），人類一直都藉由工具來增強自己的能力。我們必須秉持同樣的觀點，來看待在正席捲而來的自動化浪潮。在目前的經濟制度下，人們為了降低組織中的摩擦，於是創造新的技術，未來運用這些技術勢必在所難免。所以說，較低的摩擦，意思就是較低的人力。

關於自動化將取代多少人力，各方的估計差異很大。最狠的說法來自牛津大學的馬汀學院（Oxford Martin School），這是個跨學科的單位，專門研究全球性的重大挑戰，他們認為未來可能有高達47％的工作變成自動化。不過有一點很關鍵，發表相關研究報告的作者並不是說47％的工作「將會」自動化，而是說這些工作「暴露」在自動化的風險中。我認為許多承受

這種風險的工作最終若真的走上自動化，那是因為企業有這麼做的經濟誘因。

順便一提，牛津馬汀學院提供的數字，和倫敦經濟學院（London School of Economics）人類學教授葛瑞柏（David Graeber）估計的數字不謀而合。根據葛瑞柏對「狗屁工作」（bullshit jobs）所做的研究，大約有40％的人相信自己的工作不具真實價值，他們可能是對的。

自動化可能會影響到多少份工作？各方的估計有高有低，最低是9％，經濟合作暨發展組織（OECD）估14％，麥肯錫顧問公司（McKinsey）估計15％，資誠會計師事務所（PwC）則估計30％，其他的都落在這些數字之間。每一項估計採用不太一樣的方法，對於科技摧毀某些工作、創造另一些工作的結論也不盡相同。關於自動化對工作前景的影響，我個人大致抱持悲觀的看法。機械固然創造新的工作，但是看得出來，這些新工作未來也同樣會被機器取代。我相信很可能有14％到15％的工作將會消失，而取代它們的新工作，受保障的程度絕對不如那些消失的工作。

過去的機器只能提升或超越人類的生理能力，如今連人

類的認知職能都要面臨挑戰了。這並不代表機器能像人一樣思考，它們的能力遠遠達不到那種水準。可是機器不必擁有那種本領，因為大部分人類在工作上的表現，只占他們潛力的一小部分。機器只需要達到等同人類的那一小部分表現，就足以取代很高比率的工作。任何一項工作的規則若是可以程式化，而且在一段合理期間內不改變，它被機器取代的機會就越高，譬如辦公室的文書處理、電話服務中心內與顧客接洽、駕駛計程車、搬運貨箱、製造產品等等。

人類僅剩的將不再是職業，而是工作。機器缺少人類的彈性、原創力和同理心，所以無法勝任某些任務，但人們僅剩的也只是零零碎碎的工作，有些報酬很高，有些則不然。用機器複製人類的生理彈性，至今依然很昂貴，未來那些危險、骯髒，可是大致可由廉價勞力完成的工作，仍然會保留給人類。

在理想的世界裡，我們應該會重新珍視某些最獨特的工作才對，畢竟目前這些工作的價值實在被低估了，例如教師、護士、看護等。可是在當今公共支出被壓縮的環境下，實在看不出上述這種跡象，除非是加稅或大幅重編政府支出的優先順序，才有可能實現。

落差

　　我有一個假設，越來越多人最終會變成自由業。其實在美國和英國，自由業是成長速度數一數二的職業類別。有些從事傳統職業的人還是照常工作，但是他們每天只有部分時間在工作，這樣的工作頂多只占5％。換言之，你每天可能只需要花半個小時做高績效的事情，就能讓老闆願意付全職薪水，而不是聘你做兼職零工。除去這一類工作，未來將會有龐大的工作者淪為流動人力。

　　由於流動人力的規模日增，工作懸缺減少（我實在很難看出全職工作還能存在），人們可能某些時期必須同時兼好幾份差事，另一些時期則處於待業狀態。我覺得人們未來非常有可能越來越傾向發展「副業」，從事以興趣、家庭或社區為基礎的第二份工作獲得金錢、減稅或實物做為回報。

　　碰到青黃不接的時候，人們要怎樣打發時間？我相信教育將會扮演非常吃重的角色。

目的不（僅）是手段

下面幾章主要會探討一套技巧，在高頻變革的世界中，這些技巧最能幫助人們做好就業準備。不過有一點很重要，大家要知道教育不僅是達到目標的手段，也是就業人口應該準備好的工具。教育本身就是目的，馬斯洛的需求階級理論（Maslow's hierarchy of needs）或許是侷限性相當高的人類行為模型，但它所主張的最高階需求，大家卻很難反駁。一旦滿足基本需求之後，人們就會追求自我實現和自我改善，開闊眼界、發展技能、拓展知識，也需要有值得追求的目標。此外，可能也需要支持別人追求這樣的目標。

失業的人也需要財務支援以維持基本需求，撇開這個，他們同樣需要目標。許多關於貧困社區的類似研究顯示，住在這些地方的人欠缺目標，比較容易出現犯罪和反社會行為。據說欠缺目標的有錢人，也明顯比較容易淪落為社會上的窮人。很多人能替自己找到目標，可是教育（所有型態的教育）是眾人普遍都有的目標，是真正的社會善事。讓人民接受更高等教育，而且終身免費，將會成為非常有力的政策手段，使我們所有人在面臨高頻變革時身懷更大的韌性。

全民基本收入

然而有個問題依舊存在：當人們沒有工作，財務上支持不了自己的生活時，又該怎麼辦？全民基本收入（Unconditional Basic Income, UBI，又稱無條件基本收入）是由國家持久給予每個人一筆福利，不論對象有沒有工作，也不必調查其資產，這項觀念在科技掛帥的世界裡擁有很多支持者。全民基本收入的想法之所以吸引人，是因為它容許我們維持現有經濟制度，也就是由消費者支出所驅動的經濟，而不必考慮更大規模的改革。只要把錢放進人們的口袋，他們就會繼續拿去市場上花用，世界就會繼續運轉。

這項觀念雖然符合普通常識，可是在追問由誰來付錢之前，就已經碰到實務上的挑戰。英國當前的福利制度雖然缺點不少，可是目標確實是濟助特定弱勢族群，它的宗旨是提供某種平衡效果，哪怕執行效果不見得理想也抹滅不了。全民基本收入可能會消滅很多需要資產調查的福利，因為它有一項主張：資產調查的行政作業浪費大筆金錢，還不如直接交給公民來得划算。

全民基本收入的另一個大問題是該給多少金額。想像一

下，如果不設任何限制，給予十六歲到六十四歲的每一個國民一筆錢，金額相當於英國的基本國家養老金（大約是每年6,500英鎊，2019年約合26萬元台幣），人數大概占全國人口的60％。先不管這筆錢當中有一部分要繳稅，總金額將達到約2,600億英鎊（台幣10兆4,000億元），比目前全國的總福利預算略高一些。除此之外，還需要加入目前的養老金支出（大約1,100億英鎊，合4兆4,000億台幣），以及許多額外的身心障礙補貼（達到400億英鎊，1兆6,000億台幣）。若是希望經由賦稅手段，收回一部分全民基本收入以補貼國庫，勢必會碰到很難回答的問題：人民需要賺多少錢，才達到繳稅門檻？課稅所得不能和全民基本收入一樣多，否則就會出現嚴重抑制的風險──沒人想做最低薪資的工作，尤其是那些為了上班，必須花錢請別人照顧孩子的人。所以該賺多少錢才須繳稅？別忘了，英國有2／3人口的年收入少於5萬英鎊（200萬台幣），即使再想拿稅收來補償相當比率的全民基本收入，課稅所得也必須低於那個標準。

簡言之，就算每星期只給每個人125英鎊（台幣6,000元，譯按：即基本國家養老金的數字），國家也會需要大幅度加

稅，或是大量削減政府的其他支出。若是想要給國民一筆相當於生活費的津貼（三倍於國家養老金），那就更需要徹底改變我們對課稅標準的期望了。

機器人稅

面對這項難題，有個經常被提起的對策，那就是所謂的機器人稅。倡議者主張：假如公司要用機器取代人力，那麼就應該對機器課稅。這個點子根本不可行，提倡者完全不了解機器的本質才會異想天開，其實機器取代人類的工作是天經地義的。課機器人稅的主張，前提是有人能將機器量化和質化：計算數量、分門別類，因為倡議者假定可以根據機器的規模和功能，編訂不同的稅階。一台可以取代25％人力的機器，稅率和可以取代100％人力的機器是不一樣的。可是誰曉得其中的差別呢？這些機器未來大概都是眼睛看不見，工作也很短暫的，遠在天邊一隅（當地能源和頻寬都很便宜）的伺服器上，一項演算法只消幾分之一秒，就能高速運轉得到結果，完成任務之後便功成身退；過了幾微秒之後，換它的分身上陣，服務其他

地方的另一位顧客。這些可不是紡織機，甚至不是自動駕駛汽車，可以一一清點，就連販售它們的軟體公司都很難數得清楚。就像微軟之類的企業，一直苦於無法正確計算賣了多少授權軟體，當然也無法正確收費。

唯一切合實際的選擇，是加強課徵公司稅。既然公司用機器取代人力，絕對能獲得更高的利潤，政府自然應該對此課稅。為了避免企業把利潤移轉到賦稅最低的地方，需要國際合作配合，而目前國際合作正承受很大的壓力。

成功的展望

在變革與動盪的浪潮之下，人類將依然扮演重要的角色。在工作場所中，在堅持下來的崗位上，以及在自由職業的身分下，總會有特別的工作需要人類獨特的技能，那些技能會幫助組織更具適應力，也能幫助個人在他人的成功中占一席之地。歸根究柢，這些技能可以分成三類：策展力（Curation）、創造力（Creativity）、溝通力（Communication）。

第 **17** 章

策展力

　　被吹噓最過分的一項電腦技能，是處理大量數據組並從中汲取意義的能力，也就是所謂「大數據」的「分析能力」。然而機器只能夠處理被輸入的資料，無法辨認數據的落差、替代來源，也無法決定以哪些評估標準，判讀數據的真假。

　　人類比機器更有彈性，懂得詰問資訊，體察資訊的落差，並蒐集可以填補落差的資料。人類能學會判斷各種來源的虛實，以及比對它們和基本真相的差異。人類還能發展經驗法則，幫助自己分辨真假。這就是策展力的技能：體察落差、蒐集資訊填補落差、鑑定資訊真假。

　　這裡指的策展力，和內容行銷或美術館、博物館領域常用的策展意義稍有不同。後者的挑戰在於從一堆人工製品中組合某種敘事或一貫性，而我所說的策展力則比較廣義，但是兩邊的意義足夠貼近，不妨拿來做為這一組技能的總和名稱。

　　策展技能還可分解成兩種類別或階段：發現和鑑定。

發現

　　「發現」是了解如何在多種情境下提出正確的疑問，也是

辨別問題的能力，甚至從非常小的知識基礎展開，著手探索，直到能找到解決對策為止。

面對全新的問題時，發現是很有挑戰性的任務，因為你往往不具備表達那項疑問的語言。同樣的，新到手的答案所使用的語言，你也覺得全然陌生。可是如果反覆提問、吸收答案、利用新知識提出更理想的疑問，這個過程將使你更能夠深入問題核心。

有些人精通在搜尋引擎上發問，他們找答案的方法正是了解策展技能的絕佳範例。如今大家想找某個問題的答案時，第一個動作多半是利用搜尋引擎，可是如果你要探索全新的東西，該如何提問呢？先從最接近的猜測開始搜尋，然後透過這個猜想所得到的搜尋結果學習，逐步調整、修正，直到發現答案為止。擅長使用Google、Bing和其他搜尋引擎找答案的人，很讓人佩服，他們會利用系統的各種過濾器，迅速輸入提問，掃瞄發現的資訊，再回到搜尋空白欄輸入修改後的問題，找到最正確的答案。

這些人對無知感到自在，因為他們明白無知只是非常短暫的狀態，只要在搜尋引擎找上幾遍，就可以消滅無知。在高

頻變革的時代中，我們都需要對無知感到自在，只要學會這些
工具的運用技能，就可以克服無知。現今世界的本質既高度壓
縮，又緊密連結，未來將會出現越來越多大家都很陌生的觀
念。這些觀念的更新和補充速度會持續加快，誰也不可能掌握
全部的觀念。事實上，所有的人終其一生都對大部分的新觀念
一無所知，但只要曉得必要時能夠找到自己所需的觀念和資
訊，短暫的無知又何妨。

鑑定

　　當你找到答案（一則資訊），接下來就要用到鑑定的技能
了。你怎麼確信自己找到的資訊？人們太常對到手的資訊信以
為真，順手分享出去，更是加重這項錯誤或假訊息，未經過濾
便傳到企業網站或自己的社群網站。所謂鑑定的技能，是個人
根據對正在檢視議題的既有知識，加上從其他來源獲得的相關
資料，在自己心裡建立的檢驗流程。

　　假以時日，人們可以建立相當好的判斷能力，養成對真相
的第六感，對不正確的事物產生不對勁的「感覺」。這可能是

基於個人對特定領域既有的知識，另外還可藉簡單的檢驗提升鑑定力，只要很快計算一下，往往就能抓出一則報導中的錯誤數字。不過有時候只能靠努力和紀律，加上再三查證可靠的資料來源，才能正確鑑定資料的真假。

過去幾年來，鑑定技能顯得越發重要。社群媒體和網際網路到處都是赤裸裸的假訊息，讓人非常吃驚。我們在立場分裂的議題上激烈論辯，特別是關於認同的議題，雙方都宣稱自己才對。我們看到大權在握的人竟然厚顏無恥否認真相，彷彿這還不夠糟。如今我們正站在新一波科技浪潮隨手可得的邊緣，這些技術將使人更難辨別假新聞和真事實。

影音剪輯工具能讓有心人擷取完整版本中的幾個片段，然後剪接成完全虛假的影音短片。現在市面上已經有現成的，甚至是免費的電腦工具，可以用來製作假的色情片，將知名女演員的臉部接到其他演出者的身體上。目前這種移花接木的工作還需要借助特殊人才，可是不久之後，可用的工具將會傳遍各地。屆時不需要好萊塢的特效專家，就能創造「可信的」造假內容，任何人在自家電腦甚至手機上都做得到。這些假的影音短片和真版本幾乎無從區別，無疑將成為各種拙劣角色的武

器。唯一可以與之對抗的，是抱持懷疑心態的查詢技能，追查多重證據來源，鑑定真假。

有鑑於這類科技十分容易取得，保持某種程度的心胸開放很重要。不論在政治、私人或職業的層面，我們都受制於確認偏誤（confirmation bias），碰到與我們相左的意見，會自動去挑戰，可是碰到支持自己觀點的意見，卻沒有那樣的精神。

自主學習

動用策展力，必須借助我們自己的知識和技能。從學校得來的知識，在進入職場的那一刻多半已經過時，無論是科學、地理學甚至語文莫不如此，因為在全球高度連結的文化中，這些學問都在快速改變。同樣的，我們在初入社會時所學習的技術技能，也不太可能維持整個就業生涯，必須時時重新評估自己的能力，重新接受訓練，為下一階段的職業生涯做好準備。

這種技能的更迭，以及不斷回頭去學習的需要，未來幾十年可能對成人教育和高等教育造成嚴重衝擊。現今狀況下，我們很難看出標準的三年制大學文憑怎麼夠用。當然不夠，教育

顯然不只是為了培養工作能力，這一點我在上一章說過。未來那些負擔得起的人還是可能選擇在成年初期接受大學教育，但是也會有很多人覺得大學教育太奢侈，寧願搶先同儕，提早三年投入職場打拼。

這些人工作一段時日之後，或者存夠錢了，或者發現有必要了，將會選擇回學校念書。這可能是兩份工作之間短暫的休息，也可能是離職之後的一段長假，還有可能是在工作上碰到無法突破的玻璃天花板，只好另闢蹊徑，補足額外的技能。

人們如何負擔重回學校受教育的費用？這是有趣的問題。科技雜誌《歐洲資訊科技》（*IT Europa*）編輯部主任查普曼（John Chapman）給了我一個另類想法，他提出每個國民誕生時，由國家致贈一筆錢，金額足以供應畢生的教育經費，只要有接受教育的需要，就可以申請撥付費用。對廣大百姓來說，這筆錢的來源肯定脫離不了稅收，可是既然大家對學習技能、重新補充技能的需求越來越高，而且現在人常常換工作，兩份工作之間空懸的時間，恰好可以用來學習有用的技能，所以肯定是一件好事。

發現的動力引擎

一個持續不斷變革的世界，意謂所有的人將會時時追求新事物，為的是樂趣、充實感或競爭優勢。在那樣的世界裡，大量的噪音會逼我們學習有效過濾，找出有意義的訊號，並保證其正確無誤。最根本的是，我們必須能夠體察落差，建構能填補落差的疑問，特別是知識和技能方面的落差，因為它正是阻擋我們進步的障礙。

第18章
創造力

2018年英國廣播公司有一則關於中等教育的報導，指出英國每十所學校當中有九所已經裁減至少一門創意藝術課程的上課時數、教員或設備。此事並不令人意外，它反映了選修這類課程的人數減少——從2010年到2017年，這些學生少了20％左右。負責督導的英國教育標準局（全名為英國教育、兒童服務及技能標準局，The Office for Standards in Education, Children's Services and Skills，Ofsted）對此事的回應是：「一般學科」是通往高等學習的最佳途徑，對勞工階級的下一代尤其合適（如果我不是在寫書，而是在推特上寫這段話，我一定會在這裡加個「翻白眼」的表情符號）。美國的情況也差不多，2／3教師表示創意科目正被擠出課綱。

這些都是從「知識經濟」的觀念成為焦點之後所發生的事，而且已經有不短的時日。教育界排列優先「核心」科目的現象甚囂塵上，知識經濟正是背後的動機之一。在英國，過去為了把學習重心多放在應用和批判性思考上，曾經取消硬記死背的學習方式，現在卻有死灰復燃的跡象。

我認為下面這些論調都不對：貶抑創意課程不是「一般學科」；創意課程對學生繼續求學或就業比較沒有價值；硬記死

背的知識學習比較有價值；認定未來將會出現知識經濟。

知識經濟是無稽之談

政治人物說起「知識經濟」時，彷彿資訊就是黃金，是可以儲存的耐久財，會慢慢流淌到市場上，以維持價值高昂。

根本不是這麼一回事。

二十年前，這個想法或許還可能成真。如果你發明新產品、新製程或新的商業模式，在別人模仿跟進之前，很可能可以享受數年好光景。由於領先群倫，你可以創造防禦位置，至少維持一段時間無虞。

在高頻變革的時代裡，這一套不再管用。

知識並非黃金一般的耐久財，而是快速移動的消費產品，是價值低、產量高的大宗商品。今天知識的力量不在於保有，而在於管理其流動，也就是讓知識迅速進入企業，萃取其價值，然後邁步向前。每一家企業核心的知識，價值不斷受到侵蝕，黃金變成鉛塊。

這樣的結果是，學生那些靠硬記死背的學習所得來的知

識，到了進入職場時，已經完全貶值。沒有錯，懂得心算、記得住全球首都的名字、信手拈來一兩首詩，固然是可喜的事，不過這些東西最好是經由運用過程取得，而不是為學習而學習。記在腦海裡的知識是使用知識的副產品，擁有知識本身並不是目的。當人們只需觸碰螢幕或聲控下達指令，就可以汲取全世界蘊藏的所有知識，那麼靠記憶儲存知識的優勢就只剩一點了。再過短短十年，大多數人的工作將會變成數位介面加上人工智慧的型態，能預測我們所提的問題，甚至不必正式提問，便能提供相關事實，屆時靠記憶的優勢就更微渺了。

技能經濟

人類對明日經濟的附加價值，並非來自知識，而是來自技能。事實上，任何個人的成就感（不論是否源於受雇）主要基礎是習得、運用、發展技能，我們樂於精通某項專長，而到達那個境界的過程，才會帶來不可思議的回報。有了這些技能之後，我們才能處理未來的知識，並從中萃取價值，這在快速變動的時代中至為重要。知識在教育中應該被當作技能發展的副

產品。沒錯，擁有若干（甚至許多）知識很重要，可是習得知識不應該是目標，因為知識不可能滿足我們，或使我們成為社會上生產力更高的一分子，唯有身懷技能才辦得到。

因此決定學校課綱的關鍵，不應該是哪些科目能夠傳遞最有價值的知識，而是哪些科目能夠提供傳授技能的最佳機會。創意藝術科目的真正價值在這裡流露出來：讓學生在學校接觸藝術、設計、文學、詩歌、舞蹈的樂趣，原本就是有價值的事，這一點我完全同意；學校安排創意科目的真諦，在於它們是傳授創意技能的最佳地點。

有人說創意「只能」應用在這些科目上，或說「只能」透過這些科目教授創意，我的主張恰好相反。創意對數學和科學都是關鍵技能，正如同創意對藝術或設計也是關鍵技能。從許多方面來看，被收攬在「創意」旗幟下的藝術學群，強化了創意只侷限於這些領域的想法。不論是畫畫、寫作、作曲或編舞，創意藝術將會使你不斷碰觸創意的基本層面，包括失敗在內。

重複而非靈感

創意也許是遭到誤解最深的人類技能。人們認為創意是天生的，一個人要麼有創意，不然就沒有創意。另外人們也把創意和它的一套有限的應用過度連結。很多人從學校畢了業以後自認為欠缺創意，因為自己不會畫畫，這實在太可悲了，而且大錯特錯。

從很多方面來看，創意主要是靠學習得來的技能，就像科學方法一樣。創意是關於運用點子，如果失敗了，就從那項失敗中學習。創意是關於重複和重新組合，和靈感反而沒那麼相關。只要看看偉大的作家丟棄的草稿，或是偉大的畫家丟掉的素描，就明白我說的沒錯。有鑑於新創事業掀起無比熱潮，以及它們「迅速失敗後捲土重來」的文化，藝術科目和新創事業的成功其實相似程度高得驚人，真想不通那些想大力促進經濟發展的政府，為什麼沒有發現這一點。

在高頻變革的時代中，既有的產品與服務正在迅速貶值，企業裡最關鍵的技能也許就是創意了。唯有創意能擄獲各種可能性，並將其轉變為產品與服務，確保任何組織下一波的成功。

假如你要看到數字才肯相信創意有多重要，不妨回頭看看

我們在第二章的描述：產品、服務、公司都在加速周轉。成功企業在股市裡的壽命遞減，數位觀念與產品能在短得不可思議的時間內接觸全球閱聽人，一夕取代前輩。要對抗這種趨勢，唯一的辦法就是不斷創造世界將會需要的下一批新產品與新服務。

可防禦的技能

　　機器可以是創意的絕佳助力，它們能幫忙捕捉好點子，加以測試，對外溝通，並將設計轉譯成原型和最終的產品。如果輸入的資料得宜，機器甚至能夠提供原創對策，解決定義清楚的問題。舉例來說，如今機器每年已經生產成千上萬，甚至上百萬篇媒體文章，它們會擷取自動輸入的數據，系統處理之後，用語言包裝那些數據，寫成股市報告和運動比賽摘要。機器現在也開始為有形產品製作原創設計，譬如創造出力度、重量、成本達到最佳平衡，而且用料最節省的椅子。機器還能重新設計汽車和飛機零件，以達到更好的效能，甚至也開始從事服裝設計。

　　但是這些機器依然是按照人類的指示運作。它們的創意在

於捕捉正確範疇、辨認正確的輸入訊息、建立可以得到實際結果的演算方法。即便如此，大部分機器只是不夠完善的原型，供測試與改良之用。它們之所以強大，原因是能夠同時考慮多種變數，遠超過人類大腦的容量，它們在判讀符合指示的答案之前，探索過數百萬種可能，遠超過人類的想像。然而這項程序的起點和終點，最後還是人類說了算，面對自動化崛起的局勢，創意仍是我們人類獨有、可防禦的技能。

我們需要學習盡量善用下一代機器提供的助力，以拓展自己的本領。這些是現在就應該在學校傳授的技能：如何辨認挑戰，並提出因應的理論；如何定義成功的參數，並籌措需要投入的成本以實現目標；如何利用機器的力量拓展創意，以創造最終的產品或服務；如何失敗和記取失敗的教訓，以確保下次有更好的結果。這些創意技能，都是高頻變革時代所需要的。

從遊戲中學習

課綱中支持這些目標的課程陸續遭到裁減，這種現況如果不改，那麼經濟條件許可的人會繼續補強自己的教育、補充孩

子的課外學習，悲哀的是這麼做會讓階級差異擴大。那麼該怎麼辦才好？其實很大一部分可以透過日常的遊戲達成。

嗜好（尤其是具有創意的嗜好）是練習創意技能的絕佳方式。以我家小孩來說，他們什麼都做，像是常見的糟糕作品：把麥片紙盒黏成各種形狀、塗成各種顏色，或是利用編碼甚至電銲製作自己的小型電子用品。對我來說，最近玩的是學滑輪溜冰，因為我已年近四十，學這個可真是痛苦。我摔裂肋骨、扭到手腕，一邊的手肘還撞腫了好幾個大包。不過這些也許對心理的傷害比較大（年紀使然），卻也讓人覺得無比珍貴。年齡大了再學習嗜好，會讓人感到謙卑。三十快四十歲的人太習慣在自己精通的領域中活動，往往會失去一點洞察力。你進入一個新領域，發現自己被很多八歲小童輕易打敗──這是很棒的提醒，讓你明白自己懂得真的太少了。

學滑輪溜冰的技巧是一種互動過程，中間會碰到很多失敗──那就是受傷的由來。由於身體疼痛，學習克服失敗再重來就特別困難。然而當你終於完美跳躍再平安落地，或是學會原地旋轉久久不停，那種回報也是難以形容的。

假如你擔心自己或孩子未來的職業，我能開的最佳處方

就是去學一種新的創意嗜好，全力投入，嘗試再嘗試，失敗了就再重來。即使是基本技巧，一旦掌握了，你將會感到欣喜不已。不妨與孩子學習相同嗜好，他們學習速度之快將使你望塵莫及。我們也得明白，人人都有創意以及駕馭創意的技能，這是為未來做好準備的關鍵要素。

第**19**章
溝通力

一個點子如果無法分享給別人，還有價值可言嗎？這聽起來很像有名的思維實驗——森林裡有樹木倒下，但四周沒有人煙，這樣倒下的樹究竟有沒有發出聲響？想確保未來還有工作可做，為什麼溝通力是很重要的技能？那是因為分享點子將會帶來舉足輕重的影響。

我所描述的高頻率、低摩擦環境，特質就是與世界（特別是與企業）相連的網絡結構日益明顯。如今單一組織鮮少能單打獨鬥，大家仰賴遍及全球的供應者、合夥人、通路所連成一氣的網絡，從金融業到製造業到軟體系統，莫不如此。就像十四章說明的，即使是單一組織，現在也變得越來越像網絡，而非自己抱成一團的石柱。

網絡是由節點組成，而每個節點和其他的節點之間都有介面。如果網絡是由少數大型節點組成，譬如大公司，那麼各節點之間必須進行的溝通就很有限。在這種情況下，我們可以快樂的處在某個節點中間，只需要和旁邊的同事溝通就夠了。

網絡的特質隨著節點的數量增加、尺寸減小而起了變化，越來越多人發現自己靠近節點邊緣，甚至就站在節點邊緣。現在我們成了網絡中與其他節點的主要介面，溝通的工作量急劇

上升，整個節點的成敗可能取決於我們和別人交流的能力。在這種情況下，不論是十四章講的職能單位（樂高積木），或是英美兩國人數越來越多的自由職業者，都屬於小型節點。

網絡型企業的改變比較頻繁，所以他們才會以網絡的方式建立起來，這麼做也會提高溝通的重要性。身為小節點代表人的你，為了保持與目前顧客的關係，或是成為新合作案的一部分，必將持續鼓吹該節點的利益。若是身為組織之外的個體，溝通的工作量甚至更龐大，畢竟你的生計全都靠它了。

在這個強調業務的模型之外，溝通和合作的重要性也會越來越高。我們只要看看現今軟體的建構方式就知道了：全球共享專案由來自不同公司的大批程式開發人員合力完成，他們甚至散布在好幾個大陸上。組合既有的元件「圖書館」與他人的服務「應用程式介面」，再包裝成某種原創編碼。為了適應新的需求和可能性，圖書館會不斷更新，應用程式介面也一樣。現代軟體編寫永遠也不會結束，反而是永無止境的演化生態系統，若要永續成功，就必須仰賴持續進行合夥關係，這也是需要溝通的。

既然這麼重要，溝通技能的關鍵元素是什麼呢？

傾聽

我們學校有一天來了一個校外的訓練師，他來教學生一堂生活技能課，我對那天的事記憶鮮明。那一堂課的主題是溝通，訓練師問全班同學，溝通最重要的技巧是什麼？結果全班沒有一個人的回答是傾聽。我們全都把焦點放在如何講自己的故事，而不是如何聽別人的故事，也沒有學習如何針對特定聽眾來塑造自己的故事。

很顯然，溝通本來就是雙向的。如果不去傾聽，你不僅聽不懂別人說的話，也不知道怎樣呈現你要對他們說的話。傾聽是學習時很重要的一部分，就像第十三章討論的那樣，傾聽也是建構敘事時非常龐大的一部分。除非了解你的聽眾，否則你根本無法形塑恰當的敘事。

效率

一旦開始思考溝通的對外層面，我們就必須考慮效率，也就是用最精簡的話語，或是在有限的時間、空間之內，清楚明確傳達訊息的能力。

由於網絡化世界的噪音越來越多，效率就變得格外重要。時間寶貴，大家都希望溝通會產生價值，學會用容易消化的形式包裝資訊，會使你成為更有吸引力的夥伴，使你有穿透噪音的強大能力。

推特最初設定每則推文最多限140個字元，這個限制天天考驗著好幾百萬用戶，久而久之，他們發展出自己的句法以應付這項挑戰，早期成功的人就是最懂得掌握這種新句法的人。推特逼使用者保持訊息簡短，這樣就能在很短的時間內瀏覽大量資訊和意見，這在嘈雜的世界裡異常珍貴；非常多人在推特上讀文章而不是寫文章，背後的原因就是這個。

法國思想家巴斯卡（Blaise Pascal）說過一句很有名的話：「很抱歉給您寫了這麼冗長的信，我沒有時間寫短一點。」精簡用字（或設計），在最小的空間內傳達最多的內容，這是我們說話者責無旁貸的工作。

準確性

職場上的溝通往往缺乏準確性，這個問題在英國似乎特別

嚴重，我懷疑這正是我國生產力低下的原因之一。英國人重禮節，常常不肯直接表達內心的願望，意思是從管理者到員工、從客戶到供應商，工作指示經常含混不清，沒有達到應有的明確程度。這種文化讓員工或供應商通常不願意挑戰講得不清不楚的指示，結果是拚盡全力埋頭辦事，變成「忙碌的傻子」，浪費大家的時間金錢。

在「零工經濟」盛行的情況下，把工作指示表達清楚，並且理解、挑戰該項工作指示，是非常重要的能力，但是人們欠缺這些技能的現象將會越來越明顯。其實現在英國職場已經慢慢感受到一些歐洲人的直率，未來應該會更顯著。

2009年和我合夥創辦CANDDi網路分析公司的藍利（Tim Langley）很愛用「策略性懶散」（strategically lazy）這個詞，描述他希望公司員工該擁有的溝通技能。藍利希望員工挑戰不夠清晰的工作指示，要求在進行任務以前，徹底了解上級期待他們做什麼。聽在主管耳裡，這可能會讓他們感到沮喪，但藍利希望盡可能減少浪費時間，不要白花工夫追逐誤以為是的目標，而要把有限的時間和資源用來解決定義清楚的問題。為了增加溝通的準確性，或許應該教導每個人適時策略性懶散一下

才對。

　　訓練員工發展這些技能，要他們反覆練習，給他們信心挑戰一切工作指示，直到弄得一清二楚才罷休。

表達清楚明白

　　清楚明白的表達也是一個議題，它和效率、準確性略有不同。溝通的時候可能準確、有效率，但若使用太多術語、太過複雜，對方必須費勁才能理解。清楚明白的溝通使大腦理解訊息時不必那麼吃力，因為在嘈雜的網絡中，人們需要保存腦力，去執行更重要的任務。

美好

　　上面這些建議都沒有提到溝通的美好。美是超越功能性的價值，使一項溝通卓然不群。結構完美的陳詞固然清楚、簡短，但一定還有可以藉韻律、詩意或睿智提升素質的空間。在語言或設計上加入美好的元素，能夠增加它打動、鞭策、刺

激、娛樂受眾的力量。當訊息散放這種獨特的人性特質，它的訊號最容易從噪音中脫穎而出。

多種模式

　　我在這裡寫的溝通媒介多半是語文，可是溝通還有很多種模式，每一種都將在明日世界中占據一席之地。精采絕倫的設計可以完全不需要文字，但我們很難預見機器得以在視覺溝通中納入上述所有特質，以達到和人類相同的技藝水準，至少短期內不可能達成。

　　語言本身就有很多模式：書寫、口語、一對一、一對多。近來年我公開演講過許多次，得知餐會演說和會議的主題演說截然不同，這兩種都是對眾人演講，可是方式差異很大。同理，推特文章和電子郵件也很不一樣，部落格貼文和比較正式的論文也是天差地遠。能夠在所有環境下成為真正出色的演講者或作者，是畢生都將努力的目標，恐怕也是無法企及的目標。

　　沒有任何人能夠掌握全部的溝通形式，像我個人偏愛文字勝於圖像設計，別人也會有他們的強項和弱點。我們需要為

自己和年輕人做一件事，就是確保年輕人至少粗淺認識這些媒體，並且有機會鑽研自己最喜歡的種類。接下來，我們需要在家庭、學校、工作場所建立一套完整的課程，讓他們有機會砥礪自己的技能。

單飛

我正準備結束這一章的時候，剛好看見作家海格（Matt Haig）發了一則推特貼文。沒錯，就在我努力想寫完這本書的時候，最常害我分心的就是推特。有人強調團隊合作是「企業、學校甚至創意群體至高無上的美德」，海格的文章抨擊這種論調。他的話引起我的共鳴，因為這一章真正討論的是個人在團隊裡工作的能力。溝通技能是你進入一支團隊的介面，不論團隊是廣義或狹義的都一樣。我相信在低摩擦和高頻率變革的雙重影響下，網絡化世界是自然而然的回應，而我的信念絕對暗示這是一個人人必須高聲嚷嚷、突顯自己的世界。這一點令海格更加憂心，他說：「讓最敢講話的人得到獎勵的世界，不是我們想要的；讓思想最深刻的人領導大家，才是我們想要的。」

海格說的對，可惜我不認為我們能夠擁有那樣的世界。

人們往往搞不清楚未來學家和政治人物的角色有何不同。像我這樣的未來學家通常不會描繪我們希望看到的世界，不過如果被說服了，也不是不可能洩漏一二，啤酒往往就是居中說服的催化劑。未來學家大部分的時間，都用來幫助別人看見我們所相信的未來世界，至少是看見實現機率或高或低的各種可能性。

我對因應未來所開的處方，是專注發展策展力、創造力、溝通力的技能，這項建言的根據，是我所預見即將在世人面前發生的未來。

如果讓我來設計理想的未來，我很可能選擇一個截然不同的環境，在那樣的環境中，追求成功的一套最關鍵的技能也會完全不同，也許是系統思考、分析和同理心吧。可惜現實並非如此，我正在教導自己孩子的，反而是發現、融會貫通、勇敢直言，因為我相信他們會把未來世界變成我希望看到的那樣。

第**20**章
接下來的步驟

　　本書開篇曾問過讀者是否覺得暈頭轉向，我擔憂的是，如果你當初不覺得，現在也許已經有感覺了。從頭讀完自己所寫的內容，我發現原來希望把這本書濃縮成幾個要點的本意，已經有一點走樣了，書裡竟然引用德國勛爵和委內瑞拉經濟學家的話，還討論了鴨子和馬匹、汽車和洗衣機。我希望讀者讀到這裡，至少對我的主張有相當程度的了解。可是不怕一萬，只怕萬一，所以我嘗試在這裡簡短做個摘要。

　　加速度感是一種普遍的感覺，大家感到世界比以往變動得更快速。我不接受科技公司和其他加速派人士鼓吹的觀念——他們說歷史的巨弧已經打入高速檔。反觀歷史學家提出一項非常有力的論點，他們說過去有很多時期經歷的變革，和我們今天所經歷的一樣劇烈，具體來說就是互連網電腦的革命。這次的變革週期從1960年代開始，未來很可能還會延續五十年之久，它和以前的工業革命一樣，將會觸及我們生活中的所有層面，可是需要幾十年才會施展完全，我稱它為一種低頻率的變革。

　　不過，不論加速派或歷史派都遺漏了一點，或可稱為最近這波浪潮的諧波（harmonics）。互聯網電腦和全球化經濟已經促成一種新型態的改變——高頻變革。它的週期是以月或年來

計算，而不是幾十年；它的影響比較不劇烈、比較沒那麼無遠弗屆，可是依然足以使一家公司崩潰，或奪走其收入的一大塊利潤。高頻變革也可能破壞整個產業部門或單一產業。

我們對這類變革適應極其不良。企業欠缺因應這類變革的早期預警技能、決策能力和組織結構。個人則過度倚賴早年學習的技能，而且大多數人不清楚未來自己要如何才會成功。

我在本書第一部嘗試解釋高頻變革的現象，在第二部提供一套我教給客戶的對策：如何早期預警；針對他們所預見的未來，如何選擇與溝通因應之道；如何打造可以靈活應對變局的組織。第三部是有鑑於高頻變革最糟糕的影響（至少在職業這方面），建議我們自己和子女可以預先準備好的技能。

我希望本書已經達成三項成果：第一，促使讀者明瞭，為何這麼多人感到如今變革發生得那麼快，為什麼這種感覺是真實的，同時需要予以回應。第二，解釋組織因應高頻變革的策略應該具備的三大元素。第三，提供一些線索，指點讀者如何發展自己的事業，或是教育年輕人——正視眼前的新現象，以及即將發生的改變。

催化劑

我希望閱讀這本書不是目的，而是行動的催化劑。我希望讀者回到自己的組織，檢視它的流程和結構。當高頻變革襲來那一刻，你是否早就做好準備？你有沒有備妥適當的工具，可以及早預見並做出決定，發展因應對策，並且採取行動？貴組織的結構能否在必要時容你採取激烈的行動？

如果讀者想要從本書裡汲取一樣東西回到組織，我希望是這個：每半年騰出時間想一想未來。我指的不是二十年後可能發生什麼事，而是未來二年到五年可能發生的事。引入外部觀點來激起震盪，包括組織裡普通不會參與會議討論的人員，還有你所屬產業部門之外的聲音。打開心胸，傾聽他們的意見，認清事實——組織若要與時俱進，可能需要大幅改變方向。

依個人之見，我希望本書能激勵讀者檢視自己的職業路徑與教育，同時檢視你所領導或教導的孩子與其他年輕人的職業路徑與教育。你教給他們的，是在明日世界追求成功的關鍵技能嗎？你是否正在發展自己的能力，邁向更美好的前程？

如果你打算在閱讀本書後，實現一項扎實的個人行動，我希望你考慮培養一種新嗜好。從零開始學習會帶來令人謙虛的

強大效果。說實話，培養新嗜好會喚醒人的學習心智。記住第一次挑戰必然會遭遇很多次失敗，進而你會了解，成功就是盡快從失敗中學習教訓，然後繼續邁步向前。

談論未來

　　六年多以前，未來主義只是我的一個嗜好。我從2006年開始透過寫作和廣播談論未來，最早是在我的部落格《未來之書》（book of the Future）發聲，這個名字來自1979年奧斯邦出版社（Osborne）的同名書籍，我小時候對那本書非常著迷。後來我在英國廣播公司和其他地方也陸續發表關於未來的想法，外界逐漸肯定我以普通用語解釋科技的能力。那時我每個星期會在廣播和電視上露臉好幾次，解釋最新的科技發展，同時設法說明這些發展對未來有何意義。

　　後來我決定把部落格轉型為企業，有位朋友想了一個標題叫「應用未來學家」，這個詞捕捉我的渴望多於遠見，也突顯我的工作重點不僅闡述問題，而且要提出解決對策。這位朋友還幫我設計了商標和網站，我由衷感謝。接下來短短幾個星期

之內，我接到LG、Nikon、索尼影視娛樂（Sony Pictures）的電話，這些公司顯然都亟需應用未來學家的建議。

當時我不曉得這項需求將會有增無減。未來主義的生意遠遠超出我的預期，雖然現在的業務和我當初所設想的並不一樣，但現在市場對未來學家的需求看來確實很殷切。

這種情況無疑將招來許多懷疑和嘲弄。LinkedIn人力平台上為自己冠上「未來學家」職銜的人數暴增，我承認自己看到時也忍不住冷嘲熱諷。雖然我已經擁有這個職銜六年了，可是身為英國人，這頭銜聽在我耳裡還是覺得有點狂妄。我發現自己質疑那些自稱未來學家的人究竟擁有什麼資格，就像幾年前更資深的未來學家質疑我的資格一樣。那時候我認為這票人應該閉嘴，現在我也覺得自己該閉嘴，因為如果我猜得沒錯，這世界會需要更多未來學家。

我希望第八章已經說清楚，除了在有限的範疇內照常拓展業務，或是在目前的範疇內推出新產品和新服務，大部分組織對未來的規劃表現極差。我們需要改變組織的這種文化、行為和結構，以期更加靈活，對高頻變革的準備更周全，這正是越來越多的未來學家可以派上用場的地方。

　　或許各位讀者讀完這本書以後，也決定加入未來學家的行列。有心人不妨學習一些工具和技巧，在組織討論未來的對話中扮演促進者的角色。如果你喜歡這個點子，請來我的網站看看：tomcheesewright.com，你會在這裡找到工具，以供你在組織裡或自己的事業生涯中使用，此外這裡也有源源不絕的「明日故事」。

歡迎光臨快時代！未來學教你洞察趨勢，給企業及個人的引導指南

作者	湯姆·吉斯賴特　Tom Cheesewright
譯者	李宛蓉
商周集團榮譽發行人	金惟純
商周集團執行長	郭奕伶
視覺顧問	陳栩椿
商業周刊出版部	
總編輯	余幸娟
責任編輯	涂逸凡
封面設計	走路花工作室
內頁排版	廖婉甄
出版發行	城邦文化事業股份有限公司 商業周刊
地址	104台北市中山區民生東路二段141號4樓
傳真服務	(02) 2503-6989
劃撥帳號	50003033
戶名	英屬蓋曼群島商家庭傳媒股份有限公司城邦分公司
網站	www.businessweekly.com.tw
香港發行所	城邦 (香港) 出版集團有限公司
	香港灣仔駱克道193號東超商業中心1樓
	電話：(852)25086231
	傳真：(852)25789337
	E-mail：hkcite@biznetvigator.com
製版印刷	鴻柏印刷事業股份有限公司
總經銷	聯合發行股份有限公司　電話：02-2917-8022
初版 1 刷	2020年03月
定價	340元
ISBN	978-986-5519-01-8(平裝)

國家圖書館出版品預行編目(CIP)資料

歡迎光臨快時代！未來學教你洞察趨勢，給企業及個人的引
導指南/ 湯姆.吉斯賴特(Tom Cheesewright)著；李宛蓉譯. --
初版. -- 臺北市：城邦商業周刊, 2020.03
　　面；　　公分
譯自：High Frequency Change : why we feel like change
happens faster now, and what to do about it
ISBN 978-986-5519-01-8(平裝)

1.組織管理 2.組織變遷 3.社會變遷

494.2   109001296

藍學堂

學習・奇趣・輕鬆讀